"十三五"普通高等教育本科部委级规划教材

服装CAD应用教程

CLOTHING CAD
APPLICATION TUTORIAL
(3rd EDITION)

（第3版）

陈建伟 ｜ 主编

中国纺织出版社

内 容 提 要

本书为"十三五"普通高等教育本科部委级规划教材。

本书以服装CAD应用的教学要求出发，系统介绍了CAD技术在服装设计与生产中的应用。从服装的款式设计、纸样设计、放码、排料等方面详细地介绍了国内外较为权威且应用广泛的力克（Lectra）和日升（Nacpro）两大服装CAD系统的应用。全书在介绍服装CAD系统各种功能的同时，注重结合大量的典型实例，向读者展示了两大服装CAD系统的特色功能与应用技巧，配合随书附赠的网络教学资源，更加有利于教师教学与读者自学。

本书既可作为高等服装院校服装类专业的教材，也可供服装专业技术人员阅读和参考。

图书在版编目（CIP）数据

服装CAD应用教程/陈建伟主编. --3版. --北京：中国纺织出版社，2019.1

"十三五"普通高等教育本科部委级规划教材

ISBN 978-7-5180-5240-0

Ⅰ.①服… Ⅱ.①陈… Ⅲ.①服装设计—计算机辅助设计—AutoCAD软件—高等学校—教材 Ⅳ.①TS941.26

中国版本图书馆CIP数据核字（2018）第164382号

策划编辑：魏 萌 责任编辑：苗 苗 责任校对：寇晨晨
责任印制：王艳丽

中国纺织出版社出版发行
地址：北京市朝阳区百子湾东里A407号楼 邮政编码：100124
销售电话：010—67004422 传真：010—87155801
http://www.c-textilep.com
E-mail: faxing@c-textilep.com
中国纺织出版社天猫旗舰店
官方微博 http://weibo.com/2119887771
北京通天印刷有限责任公司印刷 各地新华书店经销
2009年4月第1版 2014年5月第2版
2019年1月第3版第6次印刷
开本：787×1092 1/16 印张：16
字数：298千字 定价：48.00元

第3版前言

随着计算机技术及纺织服装产业的快速发展，CAD技术在三维人体测量、服装款式设计、工艺设计及生产管理等方面得到了极为广泛的应用，服装CAD的普及率也得到了大幅度的提高，数字化的服装设计与生产将成为各服装企业快速应对市场需求的重要环节。为了顺应服装产业快速发展的需求以及服装高等教育培养应用型、复合型、创新型人才的教学要求，根据我们多年的教学实践经验，成功地编写并出版了普通高等教育"十一五"国家级规划教材及"十二五"部委级规划教材《服装CAD应用教程》，取得了良好的效果。

为了进一步增强教材的可读性和拓展教材的适用面，"十三五"规划教材的编写延续了以注重"服装CAD应用"为出发点，全书涵盖了当下国内外较为先进且应用广泛的法国力克（Lectra）和北京日升（Nacpro）两大服装CAD系统的应用，结合大量的典型实例，从服装的款式设计、纸样设计、放码和排料等方面详细地介绍了两大服装CAD系统的特色功能与应用技巧。由于软件升级等原因，我们在前两版教材基础上做了较大改动，特别是第三章进行了重新编写，其他章节内容也做了相应的调整，为的是使教材与时俱进，紧跟科技发展需要。

全书共四章，由青岛大学陈建伟主编，第一章由陈建伟编写；第二章由青岛大学殷文编写；第三章第一～三节由殷文编写；第三章第四节由青岛大学杨晓霞编写；第四章由青岛大学赵美华编写；全书由陈建伟统稿。教材所附网络教学资源由殷文、赵美华编辑制作。教材编写过程中，得到了中国纺织出版社、力克系统（上海）有限公司、北京日升天辰电子有限责任公司的大力帮助，本书内容参考了以下读物和网站：力克公司的《力克用户指南》、日升公司的《日升操作手册》、www.mgvirtualmodel.com、www.dressingsim.com，在此一并表示感谢。

由于作者水平所限，书中难免有不足和疏漏之处，欢迎读者批评指正。

编者
2018年6月

第1版前言

随着计算机软硬件技术的快速发展，在服装测量、设计、工艺及生产管理等方面得到了广泛应用，为了适应发展需求，结合服装高等教育培养应用型、复合型、创新型人才的教学要求，根据多年的教学实践并参考了近几年出版发行的有关服装 CAD 教材、听取了大型服装企业对服装 CAD 人才的要求，在这基础上，笔者对《服装 CAD 应用教程》的编写定位进行了认真思考、讨论，呈现给大家的《服装 CAD 应用教程》是以应用为教学要求出发，选择的服装 CAD 软件是现阶段使用最为广泛、最新的版本，包括了款式设计、纸样设计、放码、排料、量身定做、生产经营管理等内容。

全书共六章，由青岛大学陈建伟主编，第一章由陈建伟、赵美华、殷文编写；第二章由殷文编写；第三章由赵美华编写；第四章由殷文编写；第五章由郭瑞良编写；第六章第一节由袁捷、张辉编写；第六章第二节由吴继辉编写；全书由陈建伟统稿，江南大学沈雷主审。教材所附光盘由殷文、赵美华编辑制作完成。教材编写过程中，得到了中国纺织出版社杨旭、陈良雨两位编辑极大的帮助和支持，力克系统（上海）有限公司、北京日升天辰电子有限责任公司也给予了我们大力的帮助，在此一并表示感谢。由于作者水平所限，书中难免有不足和错误之处，欢迎批评指正。

编者
2008 年 1 月

第 2 版前言

随着计算机技术及纺织服装产业的快速发展，CAD 技术在三维人体测量、服装款式设计、工艺设计及生产管理等方面得到了极为广泛的应用，服装 CAD 的普及率也得到了大幅度的提高，数字化服装设计与生产已成为服装企业快速应对市场需求的重要环节。为了顺应服装产业快速发展的需求以及服装高等教育培养应用型、复合型、创新型人才的教学要求，根据我们多年的教学实践经验，编写并出版了普通高等教育"十一五"国家级规划教材《服装 CAD 应用教程》，取得了良好的效果。

为了进一步增强教材的可读性和拓展教材的适用面，此次修订延续了以"服装 CAD 应用"为出发点，引入了该领域较为权威的美国格柏（Gerber）服装 CAD 系统，至此，全书涵盖了当下国内外较为先进且应用广泛的美国格柏、法国力克（Lectra）、北京日升（NAC2000）三大服装 CAD 系统的应用，结合大量的典型实例，从服装的款式设计、纸样设计、放码和排料等方面详细地介绍了三大服装 CAD 系统的特色功能与应用技巧。

全书共五章，由青岛大学陈建伟主编：第一章由陈建伟编写；第二章由青岛大学殷文编写；第三章由青岛大学殷文、李涛编写；第四章由青岛大学赵美华编写；第五章由浙江理工大学罗戎蕾编写。全书由陈建伟统稿，江南大学沈雷主审。教材所附光盘由殷文、赵美华、罗戎蕾、李涛编辑制作。教材编写过程中，得到了中国纺织出版社、力克系统（上海）有限公司、北京日升天辰电子有限责任公司、格伯公司的大力帮助。本书内容参考了以下读物和网站：力克公司的《力克用户指南》、日升公司的《日升操作手册》、格伯公司的《格伯培训教材》以及 www.mvm.com、www.dressingsim.com 两个网站。此外，周莎、陈春辉、李成义、洪潘、苏晨为第五章的部分内容整理付出了劳动，在此一并表示感谢。由于作者水平所限，书中难免有不足和疏漏之处，欢迎读者批评指正。

编者

2012 年 5 月

教学内容及课时安排

章 / 课时	课程性质 / 课时	节	课程内容
第一章 / 2	基础理论 / 2	●	服装 CAD 概述
		一	服装 CAD 的概念、作用及发展趋势
		二	服装 CAD 系统软件
		三	服装 CAD 系统硬件
第二章 / 24	应用理论 / 84	●	日升服装款式设计系统
		一	系统概述
		二	款式设计中心
		三	面料设计中心
		四	平面设计中心
第三章 / 24		●	日升服装 CAD 系统
		一	系统概述
		二	日升打板系统
		三	日升推板系统
		四	日升排料系统
第四章 / 36		●	力克服装 CAD 系统
		一	力克纸样设计系统
		二	力克推板系统
		三	力克排料系统

注 各院校可根据自身的教学特点和教学计划对课程时数进行调整。

目 录

服装 CAD 概述

课题名称： 服装 CAD 概述

课题内容： 服装 CAD 的概念、作用及发展趋势

服装 CAD 系统软件

服装 CAD 系统硬件

课题时间： 2 课时

教学目的： 使学生了解服装 CAD 系统的发展史、发展趋势以及软件、硬件等。

教学方式： 讲课与上机操作相结合

教学要求： 1. 使学生了解服装 CAD 系统的发展趋势。

2. 使学生了解服装 CAD 系统软件。

3. 使学生了解服装 CAD 系统硬件。

课前准备： 使学生了解所在地区服装企业应用服装 CAD 的状况。

第一章　服装 CAD 概述

第一节　服装 CAD 的概念、作用及发展趋势

CAD 是计算机辅助设计的英文缩写，全称为 Computer Aided Design。近几年来，随着计算机硬件和软件的不断发展与计算机的普及，CAD 技术也得到了极大的发展。它已成功地在汽车、电子、机械、航天、船舶、建筑及服装、制鞋、箱包、玩具等领域得到了广泛应用。CAD 技术是利用了计算机强大的计算功能和高效的图形处理功能来对产品进行辅助设计、分析、修改和优化的，这样使传统的产品设计、制造的内容和工作方式等都发生了根本性的变化。

服装 CAD 作为其中的一个分支，是利用计算机作为辅助工具，针对服装从设计、生产到技术管理等各个环节，开发出相应的硬件设备和软件系统，然后将它们有机地结合起来，应用到工业化生产中去。

一、服装 CAD 的发展历史

CAD/CAM 系统在服装行业的应用始于 20 世纪 70 年代初。最初主要是用于排料，显示衣片的排列和裁剪规律。美国的格柏（Gerber）公司和法国的力克（Lectra）公司开发了最早的计算机排料系统。不过，开始这些系统是基于单片机设计的，庞大而且昂贵。随着计算机技术的发展和 CAD/CAM 系统应用的不断扩大，CAD/CAM 系统中又开发了放码功能。而后，计算机技术飞速发展，针对服装生产的各个阶段，服装 CAD/CAM 系统不断扩充，到目前为止，几乎涵盖了服装生产的各个阶段和领域。

二、服装 CAD 的作用

经过四十多年的探索、发展和应用，服装 CAD 技术给服装企业带来的实际的效益是有目共睹的。

（一）提高工作效率

在纸样设计的过程中，要绘制重复的线条和轮廓，手工作业就要再重新绘制，而且要反复修改保证图形相同，既费时又费力，而利用电脑软件的复制功能几秒钟就可以完成，而且非常准确，避免了重复性劳动。手工作业的作图精度也往往受铅笔的粗细、各种工具的精度、设计人员的个人原因等因素的影响，而在 CAD 软件上作业不受工具或人为因素的影响，既可保证长度、角度的精确度，又能方便地检查服装各部位的尺寸。这样在很大程度上减少了重复性的劳动，大大提高了设计的精度与时效。

（二）缩短生产周期

服装产品的生产周期取决于技术准备工作的周期，对于多品种、小批量的服装产品的生产特点更是如此。据资料统计，应用服装 CAD 系统不但产品设计周期可以缩短十几倍到几十倍，而产品生产周期也可以缩短 30%～60%。这样一来，产品的开发周期大幅度缩短，劳动生产效率得到大幅度提高，企业便有余力进行产品的更新换代以适应快速多变的市场，从而提高了企业的自身活力和竞争能力，同时也满足了现代服装流行快、周期短的消费特点。

（三）提高信息化水平，推动服装产业发展

服装数字化是未来发展的必然趋势，CAD 是服装数字化的开始。例如，一般工厂都有纸样间用来保存纸样，多年下来积累的纸样越来越多，不但占用房间，查询也非常麻烦。服装 CAD 从开始就让所有纸样都以数字的形式保存在计算机里，利用计算机具有较大的存储空间的特点，大量的款式和放码、排料样板可以形成一个信息库，需要时可以从中调用，并查询对应的效果图，逐一查清款式尺寸母板，各规格的推板工艺图、排料图及客户档案，并随时可在绘图仪上输出样板及排料图。此外，纸样还可以通过网络进行远程传输，轻轻一点几分钟就可完成，这样工厂可以低成本聘请高级结构设计师从事兼职制板工作。而对于很多做外单加工的企业，在信息兼容的条件下，订单可以直接远程传输。目前，服装 CAD 的智能化技术、服装 CAD 的系统集成和数据共享技术、软件与外部设备的接口技术、二维到三维和三维到二维的模型转换技术等，都在迅速地发展，这必然会推动服装产业的进步。

（四）节约资源，降低成本

服装业属于加工型行业，产品的生产成本直接决定企业的经济效益。在生产成本中，原料的消耗和人工费用占有相当大的比例。运用 CAD 系统进行产品设计、制板、放码、排料，可以节约人力，并且速度快、精度高、劳动强度低。放码与排料功能，可以最大限度地利用面料，从而降低成本。此外，当企业开发新产品时，原来配制样衣需挂在大厅中供来宾挑选，要投入很多人力、物力和工时，并且还要占用很大的展厅陈列，若采用 CAD

系统进行设计和管理，进行新产品设计时，新的面料花样通过扫描仪存入计算机，客户订货时只要在计算机中进行选择，新产品最多做一个样衣陈列，面料颜色的效果全部在计算机上进行比较和挑选。据有关资料统计：使用 CAD 技术之后，一般可节省人力或场地的 2/3，面料利用率可提高 2%~3%，这对于批量生产特别是高档产品其效益是相当可观的。

目前，在工业发达国家，服装 CAD 技术的普及率已经相当高。我国服装行业应用服装 CAD 起步较晚，在 20 世纪 80 年代才开始引进和研发，仅仅经过了短短的三十多年的时间。但是，由于服装 CAD 软硬件价格的降低、对 CAD 认识的提高以及市场竞争的需要等诸多因素，我国服装 CAD 的普及率也已经大幅度提高。

三、服装 CAD 的发展趋势

随着服装 CAD 技术的发展和应用的普及，服装 CAD 技术开始趋向三维化、智能化和网络化的方向发展。

（一）发展三维服装 CAD

随着计算机技术和社会经济的发展，人们对服装的质量、合体性和个性化的要求越来越高，现有的二维服装 CAD 技术已经不能满足纺织服装业的 CAD 应用要求，服装 CAD 迫切需要由目前的二维平面设计发展到三维立体设计。因此，近年来国内外均在三维人体测量、三维人体建模、三维立体服装设计、虚拟现实服装展示等方面开展理论研究和实践应用。

三维服装 CAD 不同于二维 CAD 的地方在于：它是在三维人体测量建立的人体数据模型的基础上，对模型进行交互式的三维立体设计，然后再生成二维的服装样片。它主要是解决人体三维尺寸模型的建立及局部修改、三维服装原型设计、三维服装覆盖及浓淡处理、三维服装效果显示特别是动态显示和三维服装与二维衣片的可逆转换等。

因此，三维人体测量是三维服装 CAD 的基础。目前三维人体测量技术已经较为成熟。国际上常用的三维人体测量技术一般都是非接触式的，通过光敏设备捕捉投射到人体表面的光在人体上形成的图像，然后通过电脑图像处理来描述人体的三维特征。三维人体测量系统具有测量时间短，获取数据量大等多种优于传统测量技术的特点。如图 1-1 所示，即为法国力克 Vitus 智能三维人体扫描仪扫描后在系统中生成

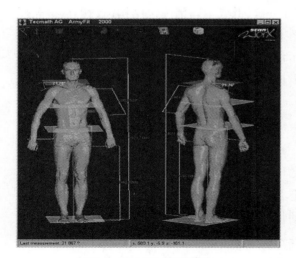

图 1-1　三维人体扫描

的人体模型。

目前，国外市场三维服装 CAD 的应用主要有以下几种：

（1）用于量身定做：针对特定客户，测量其人体的参数，在系统中生成人体模型，附加上对服装款式的特定要求，如放松量、长度、宽度等方面的喜好信息，然后在三维设计系统中进行服装设计，最后生成相应的平面服装样片。此类产品可利用互联网进行远程控制实现，其中以美国、英国、法国、德国、日本、瑞士的系统较为先进。以法国力克为例，首先为量身定做的客户使用人体扫描仪测量尺寸，这些尺寸自动地在 Fitnet 服务器中整合。直接从 Fitnet 服务器中确认订单，并通过互联网将其传送到生产现场。一旦输入订单，力克的打板系统 Modaris 就会自动生产定制的款式，而不需由样板设计师输入。款式裁片的排料，无论在单色还是花色织物上，都由力克排料系统的 Diamino Expret 自动完成。排料还随时可以由 Topspin 自动裁剪系统快速裁剪。整个过程非常快捷，从输入订单到样板设计和排料在几分钟内就可以完成，然后就可以投入生产。

（2）用于虚拟试衣：随着网上购买服装的日益普及，虚拟试衣系统应运而生。顾客可以在试衣网站上，通过人体建模软件根据顾客提供的体型数据自动建立三维人体模型，只需简单的操作，即可试穿网站上链接的各大品牌的服装，直到顾客满意为止。例如，在虚拟试衣网站上，顾客可以试穿 H&M、Lands'End、adidas、Speedo 等品牌的服装，如图 1-2 所示就是顾客在建立自己的虚拟人体模型后，试穿服装的效果，同时还可以观察正面、侧面和背面的试衣效果。

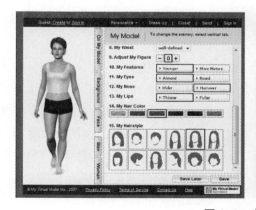

图 1-2　虚拟试衣

（3）用于虚拟服装展示：该系统是将二维平面衣片进行假定缝合后，穿着在可参数化设定的三维人体模型上，进行虚拟动态的服装表演与展示。系统能够较为理想地表现服装面料的质感、褶皱和悬垂度，同时还可配合场景和灯光等参数的设置，使模拟再现的效果更加逼真。如图 1-3 所示，即是日本东洋纺织集团数字时装株式会社的 Dressingsim 三维虚拟服装展示系统。

图 1-3　虚拟服装展示

现在国外的一些软件已基本能实现三维服装穿着、搭配设计并修改以反映服装穿着运动舒适性的动画效果，模拟不同面料的三维悬垂效果，实现 360° 旋转等功能。其中美国、法国、日本、瑞士等国家研究开发的三维服装 CAD 软件比较先进，如美国 CDI 公司推出的 Concept 3D 服装设计系统、法国力克公司的 3D 系统、美国格伯公司的 AM-EE-SW 3D 系统等。

我国是服装大国，但在服装的先进技术方面起步较晚。国内在这一领域的研究虽已取得初步进展，实现了仿三维 CAD 设计，但离国外的技术水平还有较大距离。目前中国香港科技和北京长峰科技公司、北京服装学院、中山大学、杭州爱科公司、深圳盈宁公司等近年来开始了服装三维覆盖模式款式试衣系统的开发，但是仅有部分软件进入了商品化阶段。

（二）发展智能化的服装 CAD

目前的服装 CAD 产品使用起来都比较复杂，操作人员要完全掌握其使用方法需要花费较长的时间。这也是其普及较为缓慢的原因之一。因此，展望未来，我们预计将来的服装 CAD 产品将朝着高智能化的方向发展，通过建立更多的服装样板模块及设计向导为操作人员提供智能支持，包括自学习、自组织、自适应、自纠错、并行搜索、联想记忆、模式识别、支持自动获取等多种智能技术的支持。将来，随着硬件技术的不断发展，高智能的"服装设计傻瓜机"也将成为现实。

（三）发展基于网络化的服装 CAD

基于国际互联网的高速发展，在不久的将来，网络服装设计将成为主流。企业可基于网络服装 CAD 系统来实现产品的设计、数据的共享和标准化。客户可以在网上订购、试穿并参与设计自己喜欢的服装。当然，这些需要具有高科技含量的硬件和软件来支持，如三维人体扫描仪，自动化程度较高的量身定做系统等。为高效提升企业的市场规模及产品利润，服装 CAD 与电子商务的融合也是必然趋势。

第二节　服装 CAD 系统软件

目前，众多的服装 CAD 供应商活跃在中国服装 CAD 市场上，国外的软件主要有：法国的力克、美国的格柏系统、德国的艾斯特、美国的 PGM 等；国内的主要有：日升天辰、航天部的 ARISA、富怡、爱科等。其中，国外大公司开发的软件相对全面而且成熟，在国内推广也早，法国力克和美国格柏系统就占了我国近 2/3 的市场份额，德国艾斯特奔马占据了我国近 10% 的市场份额。国内的服装 CAD 软件，由于起步晚，软件存在稳定性不够、售后服务意识不强、兼容性等问题，市场占有率远不及国际软件，但是，应该看到，在近几年我国服装 CAD 发展较迅速，涌现出许多服装 CAD 软件的新力军，市场竞争能力也在进一步增强，软件也更具有符合我国从业人员的使用习惯、价格低、售后服务意识逐步改善等优势。

配合服装从设计、生产到销售的过程，服装 CAD 一般都可以分为以下五个类别：服装款式 CAD 系统、服装工艺 CAD 系统、服装试衣 CAD 系统、量身定做（MTM）CAD 系统、服装生产技术与经营管理系统。

一、服装款式 CAD 系统

服装款式 CAD 系统主要是针对服装设计师进行服装设计而开发的系统，其主要功能就是辅助设计师方便快捷地绘制服装效果图。因此，服装款式 CAD 系统一般都包含通用绘图软件所具备的绘图、编辑工具和色卡功能。

但是仅有这些是不够的，服装设计绘图和单纯的绘画艺术不同之处在于服装效果图上需要填充面料，面料是服装设计中不可缺少的部分。多数服装款式 CAD 系统都有功能强大的面料设计功能，对扫描进电脑的面料，可以方便地调整面料的底色、印花图案、质地、织物结构、反光度、透明度等属性，设计师也可以在系统内自己进行梭织面料、针织面料和印花图案的设计等；另外，系统一般会提供丰富的素材库，用户还可以按自己的需要通过扫描、数码相机等不断扩展素材库。在系统内用户可以方便地调用素材库，在效果图上填充、更换面料或自动配色，丰富的面料表达形式给设计师带来无限的设计灵感，从而大大提高了设计效率。

服装款式 CAD 系统还为设计师提供部件库，如常用的领型、袖型、口袋、门襟等，使设计师通过简单的缩放、旋转、组合等操作就可以绘制出款式图，如图 1-4 所示。

随着计算机技术的不断发展，服装款式 CAD 系统更是开发出了三维立体设计功能。在系统提供的形体齐全的三维立体模特上，设计师在人台上通过简单的勾画，就可以设计出栩栩如生的服装效果图。在立体效果图上可以填充各种面料，利用系统提供的线条、自然阴影、自然折皱、在曲面边缘装配花边、曲面自动配面料等工具，使效果图达到立体、自然、呈现自然褶皱感、面料质感、悬垂感等效果。设计好后，自动的展开成二维裁片，如图1-5所示是法国力克立体设计系统 Modaris 3D Fit 设计内衣的示意图。

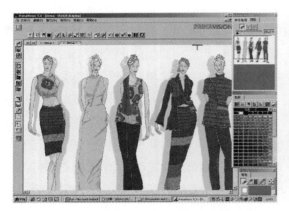 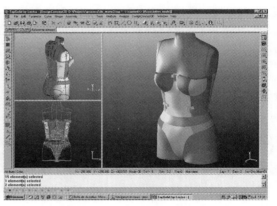

图 1-4　服装 CAD 款式设计系统　　　　图 1-5　三维设计系统

总之，在目前的服装款式 CAD 系统中，设计师可以绘制服装效果图和平面款式图；进行各种面料的设计，能够实现效果图或服装面料的更换与自动配色功能；可以在立体模特上设计三维服装并转换为二维图形；可以在二维和三维效果图上更换面料。

二、服装工艺 CAD 系统

服装工艺 CAD 系统主要针对服装生产的打板、放码和排料工序而设计。所以服装工艺 CAD 系统一般包括纸样设计、推板（放码或者放缩）和排料等模块。

（一）打板模块

可以利用数字化仪将已有的纸样输入电脑进行保存或修改，也可以利用打板工具直接开头样设计，还可以利用储存的纸样资料库通过简单的修改产生新的纸样；在开发了自动打板功能的系统中，用户还可以通过简单的步骤实现自动打板，如图1-6所示。

（二）推板或放码模块

目前服装 CAD 软件中的放码方法有以

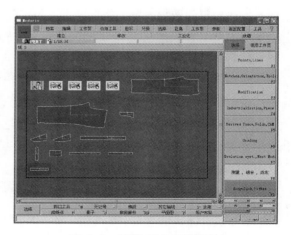

图 1-6　服装 CAD 打板系统

下几种：点放码法、公式法、切开线法、自动套模板放码法和数据库放码法等，其中点放码是应用最广泛的放码方法，也是大多数服装 CAD 软件都具备的功能，其他的放码方法各有特点，如图 1–7 所示。

（三）排料模块

将推板后的纸样加上缝份后，按照指定的面料幅宽及床次，制定出最佳的排料方案，以达到最节约面料的目的。排料方法一般包括自动排料、人机交互式排料和对格对图案排料等，如图 1–8 所示。

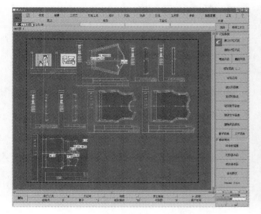
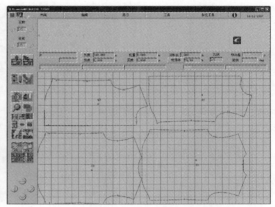

图 1–7　服装 CAD 放码系统　　　　图 1–8　服装 CAD 排料系统

（四）纸样输出模块

纸样输出模块是用来将设计好的纸样图和排料图通过绘图机或切割机进行 1：1 的输出。绘图机是将 1：1 纸样绘在绘图纸上，由人工剪下后使用，而切割机可以将样板直接绘在有一定厚度的纸板上，再进行切割，可直接用于工业生产。

三、服装试衣 CAD 系统和量身定做（MTM）CAD 系统

服装试衣 CAD 系统和量身定做（MTM）CAD 系统均为三维服装 CAD 的应用的范畴。三维服装 CAD 技术是服装 CAD 的发展趋势，因此也是近年来的科研热点。国际上，三维服装 CAD 技术已基本成熟，不少服装 CAD 生产商已将服装试衣 CAD 系统和量身定做（MTM）CAD 系统推向市场。

量身定做（Made To Measure，MTM）系统不仅指服装工艺系统中的单量单裁功能（即根据某一特定尺寸进行打板并制作的全过程），其主要是指具有三维人体扫描技术支持的高级量身定做 CAD 系统。该类型的量身定做一般分为三类，即个性化定制、合体化定制和参与设计定制。

四、服装生产技术与经营管理系统

服装生产技术与经营管理系统包括服装生产过程中的技术管理，其中包含工艺结构图的设计、工艺单的设计以及工序分析等。生产经营管理包括企业的设计资源、设计流程以及企业的信息管理等。例如，美国格柏的 WEBPDM 网络产品数据管理系统，还有国内的服装 CAPP 系统以及服装 ERP 系统也都属于该范畴。

第三节　服装 CAD 系统硬件

服装 CAD 系统是由软件和硬件组成的，而硬件则是服装 CAD 系统的重要组成部分。服装 CAD 系统工作站主要包括以下硬件配置：

（1）电脑：具有中档以上配置的微型电脑即可。

（2）彩色喷墨打印机：具有专业水准的打印机，如 EPSON、HP 等品牌，用来输出数据资料以及打印缩小比例的纸样和排料图。

（3）扫描仪：用来扫描资料图片和面料等。

（4）数码相机：用来输入资料图片和面料等。

（5）绘图板（可选）：主要用在服装款式 CAD 系统中，鼠标由一支感压光笔代替，设计师用光笔在绘图板上绘制的效果图，自动输入电脑，这样解决了设计师使用鼠标找不到绘画感觉的问题。

（6）数码印花机：可将设计好的面料图案喷印在专用布上，快速的生产出所需面料。这主要针对厂家接订单，需在短时间内快速制作样衣时用的设备，如图 1-9 所示。

（7）大幅面数字化仪（一般为 A0 幅面）：用于把手工绘制的纸样读入服装 CAD 软件中保存，也可以进行纸样的再设计、放码与排料等其他操作，如图 1-10 所示。

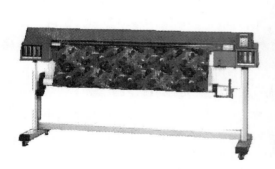

图 1-9　数码印花机

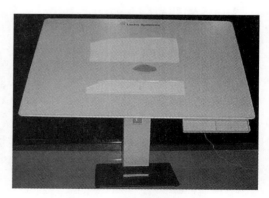

图 1-10　大幅面数字化仪

（8）大幅面绘图机或切割机：用于输出 1∶1 的纸样图或排料图；切割机用于直接绘出并切割成工业生产用样板，如图 1-11 所示。

图 1-11　大幅面绘图机和切割机

（9）三维人体扫描仪：非接触式的三维人体扫描仪按照其工作原理可分为激光型和白光型。三维人体扫描仪具有扫描时间短，精度高，测量人体部位多等多种优于传统测量技术和工具的特点。主要应用于建立数字化大型人体数据库、量身定做 MTM 系统以及虚拟试衣系统等，如图 1-12 所示。

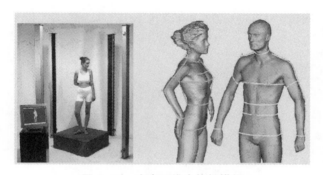

图 1-12　力克三维人体扫描仪

（10）自动单层裁剪机：用于高档成衣定制、样品开发，提供高精度、高速度的单层裁剪，如图 1-13 所示。

图 1-13　力克自动单层裁剪机

思考题

1. 服装 CAD 的作用是什么？

2. 目前服装 CAD 技术中的三维技术主要应用在哪些方面？

3. 列举四种国内服装 CAD 软件，并简要阐述其系统功能与特色优势。

4. 一个服装 CAD 工作站中一般需要配置哪些硬件设备？

应用理论

日升服装款式设计系统

课题名称： 日升服装款式设计系统

课题内容： 系统概述

　　　　　款式设计中心

　　　　　面料设计中心

　　　　　平面设计中心

课题时间： 24 课时

教学目的： 使学生了解和掌握服装款式设计系统的功能及其工具的操作方法。通过具体实例的训练，不断加以引导，旨在让学生具有准确表达服装设计灵感与意图、快速绘制服装效果图、平面款式图以及图像处理等能力。

教学方式： 讲课与上机操作相结合

教学要求： 1. 让学生了解款式设计系统的概况、功能与工具的操作与应用。

　　　　　2. 让学生了解和掌握绘制服装效果图、款式图以及图像处理的技巧。

　　　　　3. 通过实例练习，使学生具备一定的服装款式设计的能力。

课前准备： 掌握服装款式设计的相关知识，具备一定的服装效果图的绘制与服装设计的能力。

第二章　日升服装款式设计系统

第一节　系统概述

日升服装款式设计系统是目前国内众多服装款式设计软件中较具代表性的一种，也是市场应用较为广泛的一种。系统主要包括款式设计中心、面料设计中心和平面设计中心（也称画板描绘中心）三部分。该设计系统功能全面，操作简单快捷，效果显示迅速，直观性强，易学易用，系统中的操作指导与提示功能，使得服装设计过程更加方便快捷。

款式设计中心为服装设计师提供了绘制与编辑服装效果图的工具，系统素材库中丰富的模特库、面料库与配饰库为设计师进一步拓展了创意与设计的空间。面料是服装的重要组成部分，该系统面料设计中心能够进行单色面料、印花面料和提花面料等设计与编辑。平面设计中心主要能够实现位图的面料更换与局部变形以及配饰图的建立、编辑与修改等功能，为设计者提供了方便实用的图像处理工具。

除此以外，系统具有良好的兼容性，能够直接打开并使用其他通用软件 Photoshop 和 Painter 中的工具。系统为设计者提供了较大的创作空间，既可以选择纯电脑设计也可使用手绘与电脑相结合的方式，将服装效果图草稿输入电脑，再对其进行编辑和修改，可以快速完成服装效果图的绘制。系统还可以插入 Word 文档和表格，方便地设计出服装生产所需的各种表单，同时配以相应的设计图和实际产品图片以及文字说明，能够较为全面地完成服装的款式设计。图 2-1 所示为日升服装款式设计系统的主界面。

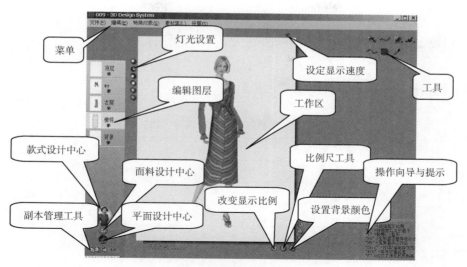

图 2-1　日升服装款式设计系统的主界面

一、运行环境

软件环境：该系统可以在 Windows XP 以上版本的操作系统中运行。

硬件环境：主要包括计算机配置及其他外围设备。

计算机配置：1.5GHz 以上 CPU、256M 以上内存、20G 以上硬盘、具有图像加速功能的显卡。

其他外围设备：600DPI 以上的扫描仪、A4 幅 14000DPI 以上的彩色图形打印机、数码相机（可选）、光盘刻录机（可选）等。

二、文件格式与类型

日升服装款式设计系统的文件格式见表 2-1。

表 2-1　日升服装款式设计系统的文件格式

文件格式	文件类型
*.dsg	款式设计中心的效果图文件
*.cst	素材库中的模特、配饰、褶皱及服装部件等文件
*.txr	面料图案文件
*.dye	材质文件
.bmp，.jpg，*.psd 和 *.tif	可兼容的多种通用的扫描文件格式

三、常用快捷键

服装款式设计系统的常用快捷键见表 2–2。

表 2–2　日升服装款式设计系统的常用快捷键

快捷键	功　能	快捷键	功　能
Ctrl + C	复制	0	按窗口大小调整显示比例
Ctrl + V	粘贴	1	按 1：1 比例显示
Ctrl + S	保存	F1	扩大 / 缩小设计工作区
Ctrl + Z	撤销上次操作（Undo）	F2	显示色卡 / 素材库面板
Ctrl + Y	执行上次操作（Redo）	F3	全屏显示设计中心
Page Up	向上滚动一屏	F4	全屏显示设计中心总体效果
Page Down	向下滚动一屏	F5	全屏显示当前工作区
← ↑ → ↓	移动显示区域	F6	全屏显示当前工作区总体效果
Delete	删除	>	在【选择对象】工具状态下，放大选择对象
+	放大显示比例	<	在【选择对象】工具状态下，缩小选择对象
−	缩小显示比例	/	在【选择对象】工具状态下，放缩对象到 1：1

第二节　款式设计中心

　　款式设计中心具有快速绘制与编辑服装效果图的功能。系统提供了丰富的线条样式与曲面工具，能够进行阴影、褶皱、花边和配饰等设计。系统还采用分层设计的概念，将设计对象放置于不同的层，使对象的编辑与修改更具独立性和灵活性。效果图中服装款式采用矢量方式，修改更加方便、灵活。对于同一款式服装，系统可以快捷地进行不同的面料色彩与质感的搭配。与此同时，系统还为设计者提供了庞大素材库功能，方便在设计中进行选择，从而大大提高了设计效率。设计者也可以建立自己的素材，已备后续设计使用。

一、款式设计基本工具

　　主要包括选择编辑对象、线条、曲面、花边、面料和文字等工具。

（一） 选择编辑对象

该工具主要用于选择、放缩与旋转对象。

1. **选择对象**　操作步骤：

（1）选择对象时，在目标选择对象上单击鼠标左键即可选中该对象，另外，按Ctrl + A键可以选中本层中所有的对象。

（2）删除对象时，先选中目标对象，然后按Delete键即可。

（3）选择多个对象时，按住Shift键的同时，点选对象；或者直接框选多个对象；而当多个对象叠放在一起时，可按住Q键，并在对象上边反复单击鼠标左键，直到选取到所需的对象为止。

（4）移动对象时，先选好对象，然后按住鼠标左键拖动即可；当按下A键的同时移动对象，则所有层的所有对象都一起移动；若要微调对象的位置，可在按下Shift键的同时，按←↑→↓方向键即可。

（5）按住Ctrl键的同时，在工作区中单击鼠标左键，可以在点击位置快速复制粘贴相同的对象。

选择了不同类型的对象，在屏幕右上角就会出现不同的编辑工具。也就是说，工具与选择的对象是对应的。

2. **放缩对象**　操作步骤：选择对象后，将鼠标放在选择框的一角，当出现↗时，按住鼠标左键拖动对象，即可保持纵横比例放缩，而按住Ctrl键，可进行自由放缩。当使用鼠标上的滚轮或者按<和>键也可以实现对象的放缩。

3. **旋转对象**　操作步骤：选择对象后，将鼠标放在选择框的一角，当出现🔄时，按住鼠标左键旋转对象即可。

此外，选择对象工具还可通过工具选项栏选择功能，如图2-2所示。

图2-2 【选择对象】工具选项栏

（二）〰 线条

该工具主要用于创建与修改线条。

1. **创建曲线**　操作步骤：选择该工具，在工作区单击鼠标左键确定曲线的起点，绘制第二点，应按住鼠标左键拖动，此时曲线点上会出现可以控制曲度与方向的手柄，然后在下一处使用相同的方法绘制其他曲线点，直至形成满意的曲线段为止，最后双击鼠标左键或按Enter键确认即可创建曲线；当线条的起点与终点重合时，线条将封闭为曲面。

当按住S键时，将绘制圆顺的线条；当按住Z键时，将绘制转折的线条；当按住Ctrl键时，将绘制水平或垂直的直线；当按住Backspace键时，将删除上一个曲线点。创建曲线时，还需注意在曲线点上按住鼠标左键拖动的距离不要太远，否则容易使曲线变形，一般不要超过下一段线的一半。若绘制直线，鼠标则不要拖动，直接点击即可。如图2-3所示。

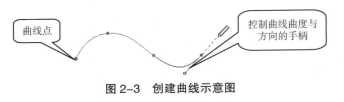

图 2-3　创建曲线示意图

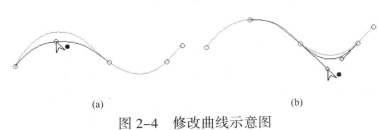

(a)　　　　　　　　　　　　　　(b)

图 2-4　修改曲线示意图

2. **修改曲线**　操作步骤：使用【选择对象】工具，选中绘制好的曲线，工具栏则出现修改曲线的工具 ，当鼠标置于红色圆点（即曲线点）上时，按住鼠标左键拖动，可修改曲线点的位置，如图 2-4（a）所示；当用鼠标点击曲线段时，控制曲线的方向与曲度的手柄则出现，然后按住鼠标左键拖动手柄，即可修改曲线段的曲度，如图 2-4（b）所示。当按住 Space 键并点击线条，可增加曲线点，按住 Alt 键并点击曲线点，可删除该曲线点。

在线条工具属性栏中可以进行线条的类型、宽度、颜色以及透明度等参数的设置，如图 2-5 所示。设置曲线时，既可先设置选项后绘制线条，也可先绘制线条再进行设置。

创建与修改曲线时，默认的线条类型是实线，其他还包括辅助线、柳叶线、折线、拉链线以及波浪线等多种形式。其中，辅助线只是在绘图时显示，而在打印和输出时则会隐藏。辅助线的作用在于可以使线条首尾重合来创建曲面；而柳叶线可以创建粗细不均匀的线条，也是绘图时常用的线条之一，其样式如图 2-6 所示，各种线形如图 2-7 所示。

图 2-5　【修改曲线】
工具属性栏

修改曲线颜色时，即可以修改属性中的线条色块，也可使用屏幕下方的色卡。当鼠标移动至屏幕下方，出现的是素材库而不是色卡，按 F2 键即可调出色卡，然后拖动色卡中的颜色至曲线上即可。

图 2-6　修改柳叶线宽度示意图　　　　图 2-7　各种线形示意图

（三）曲面

曲面工具是服装款式设计的基础，服装中的大多数款式与部件的设计都是通过绘制曲面来实现的。该工具主要具有创建曲面、修改曲面以及创建立体网格曲面三种功能。

1. 创建曲面　创建曲面主要包括按边界创建曲面、创建对称曲面、创建特殊曲面和创建常用部件等方式。

（1）█ 按边界创建曲面：可按裁剪范围来创建，是最常用的创建曲面的方式。其操作方法与创建线条工具基本相同。当曲面创建完成后，则会自动填充上默认的面料。曲面的面料与边界属性可通过如图 2-8 所示的该工具的属性栏设定。若在刚建立的曲面上单击鼠标右键，则可设置曲面的立体效果，如图 2-9 所示。

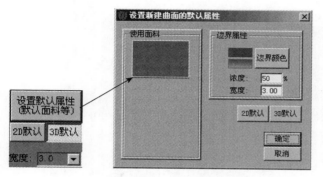

图 2-8　【设置新建曲面的默认属性】属性栏

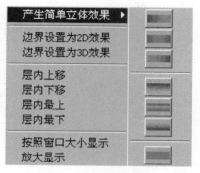

图 2-9　曲面立体效果示意图

（2）█ 创建对称曲面：可创建对称的曲面。操作时，选择该工具，工作区内会出现一条对称轴，选择【设置对称轴】按钮，可确定对称轴的位置，然后选择【绘制曲面】按钮，即可创建对称曲面。

（3）█ 创建特殊曲面：可创建矩形、椭圆以及背景的特殊曲面。

当创建矩形或椭圆曲面时，由于系统是通过定义顶点来建立曲面的，因此，鼠标的点击顺序为：左上、右上和右下，也就是说，确定了这三个点的位置，曲面的大小也就确定了。如图 2-10 所示的【特殊曲面】属性栏中的【建立背景曲面】表示可以建立与背景版面大小相同的矩形。此外，【特殊曲面】属性栏中的新建对象风格按钮是配合新建对象形状使用的，即可创建带填充效果的曲面，也可创建只有轮廓线的曲面。

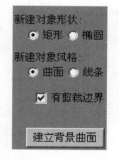

图 2-10　【特殊曲面】属性栏

（4）█ 创建常用部件：可快速创建服装款式设计中常用的纽扣、口袋、带锯齿边缘的布片等部件。其操作步骤是先在工具栏中选择需要的部件，然后用鼠标分别指示左上、右上和右下三个点后，以确定部件的大小。创建部件时，可按住 Ctrl 键以确保部件的水平或垂直；若按住 Shift 键并在工作区中单击鼠标左键，将会创建系统默认大小的部件。

2. 修改曲面　修改曲面包括修改曲面的边界、镂空曲面以及设置边缘阴影与线迹等功能。

（1）█ 修改曲面的边界：可修改曲面的轮廓。其操作方法与修改曲线基本相同，按住鼠标左键拖动曲面边界所显示的圆点即可。当按住Z键并拖动曲线段可使曲线段的衔接位置尖锐化；当按住S键并拖动曲线段可使曲线段的衔接位置光滑，如图 2-11 所示。

（2）镂空曲面：可去除曲面中的一部分，使其呈现镂空的效果。其操作步骤是先在如图 2-12 所示的选项栏中点选【内部镂空（不可见）】（使曲面内部镂空）按钮，然后在曲面中绘制镂空的范围，绘制方法参见【创建曲面】工具。若想修改镂空轮廓的边界，可先选中该曲面，然后选择【修改曲面边界】工具，直到满意为止，如图 2-13 所示。

图 2-11　修改曲面边界示意图　　图 2-12　【镂空曲面】选项栏　　图 2-13　镂空曲面示意图

（3）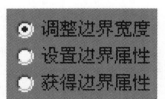修改曲面边缘阴影：可创建并修改曲面边缘的阴影。选择该工具，根据如图 2-14 所示的选项栏设置曲面边缘的阴影。其操作步骤：

①首先选择【调整边界宽度】，此时，曲面周围会显示许多小圆点，按住鼠标左键拖动小圆点即可调节阴影的宽度。当按住$Shift$键拖动小圆点时，曲面边缘上所有的阴影宽度将同时被修改，而按住$Shift$键双击小圆点时，则其阴影宽度设置为"0"。

②选择【设置边界属性】，先设置边界颜色及其二维或三维属性，然后点击曲面边缘的小圆点，设置即可生效，如图 2-15 所示。

而【获得边界属性】选项，是用于获得曲面边缘阴影现有属性的工具。其操作方法是使用鼠标左键点击曲面边缘的小圆点，即可获得该曲面的边界属性。

图 2-14　【修改曲面边缘阴影】选项栏　　图 2-15　创建并修改曲面边缘阴影示意图

（4）定义并修改曲面边缘线迹：可在曲面边缘创建并修改线迹。选择该工具，根据如图 2-16 所示的选项栏定义并修改曲面边缘的线迹。其操作步骤：

①选择【定义边缘上的辅助线】，定义边缘线迹。定义前应先设置好选项栏中的线

迹属性，然后选择要加入线迹的曲面边缘，在黄色圆点附近双击鼠标左键，即可创建曲面边缘线迹，如图 2-17 所示。

②选择【修改辅线的边距】，修改线迹距曲面边缘宽度。用鼠标左键拖动线迹上的小圆点即可。若按住 Shift 键拖动圆点，线迹距离曲面边缘宽度将被同时修改，按住 Shift 键双击圆点，则宽度的设置为 "0"，即该线段将无线迹，该操作可用于删除曲面边缘线迹的工具。

③选择【修改辅线属性】，该选项针对已有线迹的线形、线宽、颜色以及透明度等参数的设置与修改。设置好属性后，点击曲面边缘的小圆点即可生效。

图 2-16　定义并修改曲面边缘线迹选项栏

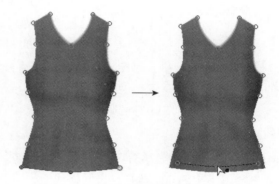

图 2-17　定义并修改线迹边距示意图

（5）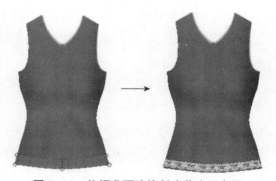新建纽带：依据曲面边缘创建并修改花边。操作步骤：先使用【选择对象】工具选中要加入花边的曲面，再选择【新建纽带】工具，其创建花边的操作参见【定义并修改曲面边缘线迹】工具，如图 2-18 所示；创建花边范围后，选择【素材库】/【配饰】/【花边】，屏幕下方即可出现花边图案，然后按住鼠标左键将其拖至花边上，拖动花边边界上的圆点可以修改花边的宽度。也可以结合使用【修改曲面网格】和【花边】工具编辑花边。

图 2-18　依据曲面边缘创建花边示意图

3.创建立体网格曲面　该工具可通过创建曲面网格进一步塑造曲面的立体造型。

（1）放缩曲面网格：可修改网格的大小。其操作步骤是首先单击如图 2-19（a）所示的选项栏中的【引用标准网格】按钮，该功能可以从系统标准网格库中调用已有的网格，此时，工作区会出现已选网格，由于调用的网格位置与大小不一定适合当前操作曲面，因此，应对网格大小进行调节。当鼠标放置于网格线上时，则出现✛标识，按住鼠标左键拖动鼠标可移动网格的位置，当鼠标放置于网格一角的方块上时，则出现↗标识，按住鼠标左键拖动鼠标可放缩网格调整大小。还可按住 Ctrl 键，自由放缩网格。特

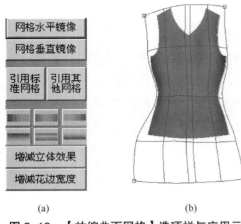

(a)   (b)

图 2-19 【放缩曲面网格】选项栏与应用示意图

别值得注意的是，调节网格大小时，应使网格范围略大于曲面，否则，曲面中的面料将会有部分处于不填充状态，如图 2-19（b）所示。

选项栏中的【网格水平镜像】和【网格垂直镜像】按钮可将网格作镜像处理；而对于上下重叠的两个曲面，其中一个要引用另一个曲面网格时，可单击【引用其他网格】按钮，然后按住 Shift 键的同时，单击鼠标左键选取想引用的曲面即可。例如，在建立口袋的网格时，可以引用口袋下方的服装网格。

此外，选项栏还提供了增减曲面立体效果的功能，可根据设计需要进行选择。

（2）▓ 修改曲面网格：可编辑网格或者创建自定义的网格，以达到塑造曲面立体造型的目的。

①编辑网格：该工具可用来编辑网格的形状。其操作步骤是选择该工具，即可编辑网格上的点或者曲线段。当点选网格线时，会出现一条红色的曲线，该曲线则是表示曲面高度的曲线，即曲面某一位置在水平或垂直方向上截面的曲度，它是塑造曲面立体造型的重要参数。当按 Space 键并点击网格线时，将会在点击处新增一条网格线；按 Alt 键并点击网格线，将会删除该网格线，如图 2-20（a）所示。

②创建自定义的网格：使用该工具还可直接创建新网格，其操作步骤是选择该工具，重新设置如图 2-21 所示的选项栏，如网格的线条数等，此时在工作区将出现新网格，然后编辑网格即可。

修改曲面工具包含立体和平面两种编辑模式，系统默认的是立体编辑模式。其中，立体编辑模式能够修改曲面的立体形状和空间感，也只有在此模式下，红色高度线才会出现，而平面编辑模式只能修改网格平面上的投影。在工作区中双击鼠标左键，则切换编辑模式。如图 2-20（b）所示是网格的平面编辑模式。

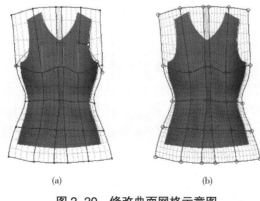

(a)   (b)

图 2-20 修改曲面网格示意图

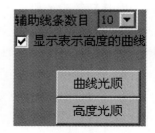

图 2-21 【修改曲面网格】选项栏

（四）面料

款式设计中心的面料工具主要包括选择面料与放缩旋转面料两种。

1. ■ **选择面料** 用于对曲面进行颜色或面料的设置。其操作步骤是选择【素材库】/【面料】菜单下的面料，屏幕下方即可出现该种类的面料，将鼠标移至屏幕下方，面料就会自动显示出来，然后按鼠标左键将素材库中的面料或者色卡中的颜色拖至选项栏内的面料上，即可将其设置为系统默认的面料。

此外，将素材库中的面料拖至选项栏中的【new】字样上，或者在素材库中的面料上双击鼠标左键，可以在系统中增加面料；若在选项栏中的面料小样上单击鼠标右键，则会弹出快捷菜单，可进行面料的保存、打开和删除等操作，如图2-22所示。

2. ■ **放缩旋转面料** 可用于面料图案的放缩与旋转。当选中曲面时，该工具才会出现，其选项栏如图2-23所示，可以对面料的透明度、放缩倍数及旋转角度进行设置，设定完毕后，单击【√】按钮即可。其中，若选中【只对当前曲面】，则面料的编辑只对当前操作曲面有效，若不选，则对所有填充该面料的曲面有效。

3. **面料的应用** 多用于面料的填充、自动配色和再设计。

（1）面料填充至曲面的方法：

①素材库填充：其操作步骤是：首先使用【选择对象】工具将曲面选中，然后按住鼠标左键拖动屏幕下方素材库中的面料至曲面上即可。面料填充后，可使用选项栏中的面料放缩滑块调节面料图案的大小，也可使用鼠标的滚动按钮调节。若要移动面料图案的位置，则按住 Shift 键在曲面上拖动即可；按住 Ctrl 键在另一曲面面料上单击鼠标左键，即可吸取该曲面面料。

②使用工具选项栏填充：其操作步骤是：首先将曲面选中，选择素材库中的面料，将其拖至选项栏中的【new】（新建）字样上，然后按住鼠标左键拖动选项栏中的面料小样至曲面上即可。

（2）面料的自动配色：如图2-24所示，系统可按照三种方式进行面料的自动配色：按照系统中的面料（工具选项栏中的面料）、按照素材库中的面料（屏幕下方显示的面料）和按照纯色三种。其操作步骤是：先选择曲面，则在工具栏中出现【Auto match】（自动配色）字样，鼠标左键单击该字样，选择自动配色的方式与时间为曲面进行配色。

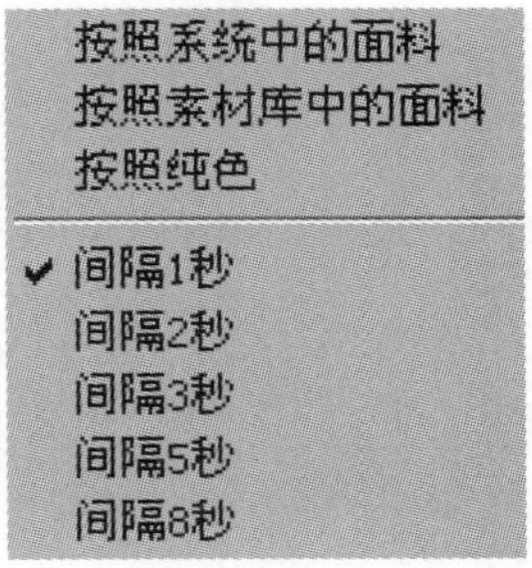

（3）面料的再设计：面料的再设计主要是对于面料的颜色或图案进行编辑与设计，用鼠标双击工具栏中的面料小样，即

图2-22 【选择面料】选项栏

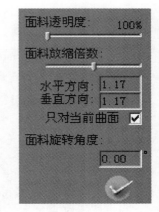

图2-23 【放缩旋转面料】选项栏

图2-24 面料自动配色选项栏

可进入面料设计中心编辑面料。也可以直接选择屏幕左下角的【面料设计中心】按钮，此操作只编辑默认的系统面料。具体设计方法可参见本章第三节内容。

（五）🔲 花边工具

该工具也称为纽带工具，主要用于新建纽带或花边。其操作步骤：首先绘制纽带的形状，绘制过程中，按 Backspace 键可删除曲线点，绘制好形状后，按 Enter 键或双击鼠标左键结束绘制，然后移动鼠标，屏幕上会出现一条线段用于定义纽带的宽度，单击鼠标左键，确定纽带宽度即可，此时，该纽带中将填充上系统默认的面料，也就是面料选项栏上的最上方面料小样。若要填充花边，则需打开花边素材库，将其拖至纽带上即可。若在纽带上单击鼠标右键还可设置其立体效果，如图 2-25 所示。

若要编辑纽带中的面料图案，可以选择形状或者纽带，然后选择【放缩曲面网格】和【修改曲面形状】工具编辑即可。

图 2-25　新建纽带示意图

（六）✏️ 吸管工具

该工具主要用于吸取颜色、新建面料和定义克隆位置与克隆图案等。

1. **吸取颜色**　选择该工具，在工作区单击鼠标左键，弹出如图 2-26 所示菜单。其中，【作为保留颜色备用】是指将吸取的颜色保留在调色板中。如图 2-27 所示，在调色板的右上角色块中出现保留的颜色。鼠标左键点选该色块时，保留色即可变为当前选择色。

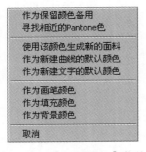

图 2-26　【吸取颜色】菜单

图 2-27　调色板中颜色示意图

2. **在工作区中的指定范围新建面料**　选择该工具，按住 Shift 键在工作区拖出一个矩形框，系统将弹出对话框询问是否形成一个新面料，单击【是】按钮，即可形成新面料。

3. **局部打印、输出与复制**　选择该工具，按住 Ctrl 键在工作区中拖出一个矩形框，在弹出的菜单中选择【打印】、【输出】或【复制】选项。若选择【复制】时，可以再粘贴至工作区以形成一个画板，也可以将其粘贴至 Photoshop 或 Word 中使用。

4. **定义克隆位置或克隆图案**　选择该工具，按住 Alt 键在工作区中点击可定义克隆位置，按住 Alt 键在工作区中拖出矩形框，则可定义克隆图案。定义了克隆位置或图案之后，就可以使用平面设计中心与面料设计中心下的【克隆笔】工具复制图案了。

（七）文字

文字工具包括新建文字、新建标注和修改文字工具。

1. 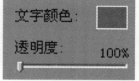 **新建文字** 该工具主要用于新建不同颜色、大小和字体的文字。其操作步骤：选择工具，在工作区单击鼠标左键，系统将弹出输入文字的对话框，选择字体、样式与大小后，在框中输入文字，若要换行，可按 Ctrl + Enter 键。

文字输入完毕后，可立即移动文字或调整文字大小。若滞后操作，可使用【选择对象】工具选中文字后进行调整。设置文字颜色时，既可以输入之前在如图 2-28 所示的选项栏中设置，也可输入完毕后将色卡中的颜色直接拖至文字上。

图 2-28 【新建文字】选项栏

2. **新建标注** 该工具主要用于新建文字标注。其操作步骤是：先设置标注的颜色与大小，然后在工作区中按住鼠标左键拖动，弹出标注对话框，输入标注的文字，单击【确定】按钮即可。该工具的编辑方式与【新建文字】相同，如图 2-29 所示。

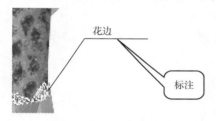

图 2-29 新建标注示意图

3. **修改文字** 当新建文字或标注后，工具栏才显示该工具，使用【选择对象】工具将其选中后，选择该工具，在文字或标注上点击，弹出对话框即可进行编辑。

（八）画板属性

该工具主要用于设置画板的透明度。

1. **新建画板** 在【选择对象】工具下，在工作区单击鼠标右键，选择【新建画板】命令可以创建自定义大小的空白画板。也可以从素材库中拖出一幅图片或模特作为画板。

2. **设置画板的透明度** 其操作步骤是选择画板，选择该工具，使用工具选项栏中的透明度滑块调节即可。选择画板后，还可进入平面设计中心继续编辑画板。

二、款式设计应用

（一）设计前的准备

1. **设置版面大小** 选择菜单【文件】/【设置版面大小】，系统将弹出如图 2-30 所示的对话框，分别设置版面尺寸、分辨率以及纸张大小等参数，单击【确定】按钮即可。

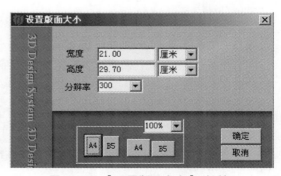

图 2-30 【设置版面大小】对话框

2. **设置背景颜色**　单击工作区右下角的  按钮，弹出调色板对话框，设置背景颜色。若不进行设置，背景色则是系统默认的白色。

3. **调用背景**　为了渲染设计效果，可打开位图文件或者粘贴位图作为背景。该步骤也可在款式设计完成后进行。

4. **调用模特**　选择菜单【素材库】/【模特】/【真人模特】，将鼠标移到屏幕下方，即可看到如图 2-31 所示的模特素材库，然后按住鼠标左键将模特拖至工作区，调整至满意的比例为止。如图 2-32 所示是模特调整示意图。

图 2-31　模特素材库

（二）服装款式设计

系统采用分层的设计概念。如图 2-33 所示系统的默认状态包含了四个层，依次是背景、模特、衣服和顶层。若要编辑某个层中的对象，必须选中该层；若要隐藏某个层，应该先跳选至其他层，再将其隐藏；在缩览图上单击鼠标右键，则弹出快捷菜单，可进行命名层、增加层、删除层、移动和放缩层等编辑操作。

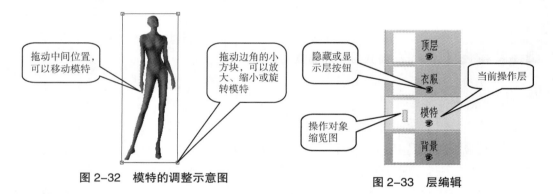

图 2-32　模特的调整示意图　　　　　图 2-33　层编辑

拖动中间位置，可以移动模特

拖动边角的小方块，可以放大、缩小或旋转模特

隐藏或显示层按钮

当前操作层

操作对象缩览图

顶层

衣服

模特

背景

图 2-34　绘制衣片示意图

进行款式设计时，应该养成分层设计的习惯，将不同类别的对象放置在不同层上，有助于后续的编辑与修改。

1. **绘制衣片**　其操作步骤是首先将模特局部放大，选择【新建曲面】工具，绘制衣片轮廓，当曲面封闭时，衣片被填充系统默认颜色。选中该曲面，选择【修改曲面边界】工具，可调整衣片轮廓，如图 2-34 所示。

2. **为衣片设置阴影**　选中该曲面，选择【修改曲面边缘阴影】工具，按照工具选项栏设置阴影的宽度与边界属性，然后在曲面边界点上单击鼠标左键确认即可（具体操作参见本节【修改曲面边缘阴影】工具），如图 2-35 所示。

3. **更换面料** 选择【素材库】/【面料】/【格子布】,屏幕的下方将出现格子面料,然后选中该曲面,将格子面料拖至衣片上,即可填充面料。选择【放缩旋转面料】工具,可以对面料图案进行放缩或者旋转,如图2-36所示。

4. **创建曲面网格** 选中衣片,选择【放缩曲面网格】工具,单击选项栏中的【引用标准网格】按钮,在对话框中选择符合衣片的网格文件,将网格置于衣片上,放

图2-35 衣片阴影设置

缩网格使其略大于衣片轮廓,然后选择【修改曲面形状】工具,使网格的走向与衣片的曲度基本吻合,并适当调节控制曲面横截面造型的高度线,增加衣片的立体感,如图2-37所示(具体操作参见本节有关【修改曲面】工具的讲解)。

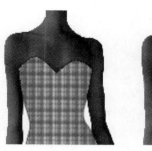
(a)

(b)

图2-36 更换与编辑衣片面料

图2-38 褶皱的添加

5. **添加褶皱** 选择菜单【素材库】/【褶皱】,将鼠标移至屏幕下方,选择褶皱并将其拖至衣片上,然后调节褶皱的大小与角度。若要调节褶皱的透明度,应选中褶皱后,选择【画版属性】工具调节,从而获得更加逼真的褶皱效果,如图2-38所示。

6. **绘制花边与颈饰** 选中衣片,选择【修改曲面边界】工具组中的【新建纽带】工具,选择裙摆曲线定义花边宽度后建立如图2-39(a)所示的花边曲面。若要修改花边的形状,可选择【修改曲面形状】进行调整;选择菜单【素材库】【配饰】【花边】,将鼠标移至屏幕最下方,选择花边并将其拖至衣片上(具体操作见本节中基本工具),如图2-39(b)所示。

对于颈饰的绘制,可直接选择【新建纽带】工具进行。服装设计效果图如图2-40所示。

图2-37 曲面网格的调整

(a)

(b)

图2-39 花边的绘制

图2-40 服装设计效果图

第三节　面料设计中心

面料是服装设计的重要组成部分。系统的面料设计中心不仅能够进行单色面料、机织面料和印花面料的设计，还能够对已有面料和扫描的面料进行再设计。

一、面料设计前的准备

在款式设计中心或面料设计中心，选择【选择面料】▓ 工具，在工具栏中将出现系统默认的面料，可以将素材库中的面料拖至【new】字样上，以增加系统面料，然后在面料图标上双击鼠标左键即可进入面料设计中心，开始面料设计。

进入系统后，也可用单击鼠标左键选择屏幕左下角的面料中心 ▓ 图标，进入面料设计中心。

二、面料设计应用

在这里主要讲述简单机织面料、提花机织面料和印花面料设计的方法与操作技巧。

（一）▓ 简单机织面料设计

该工具可以根据定义面料经纬纱线的支数和颜色及其组织结构图进行机织面料的设计。其操作步骤：

1. **进入面料设计中心**　选择【简单机织布】工具，在如图 2-41 所示的工具选项栏中设置纱线的颜色、支数和名称。

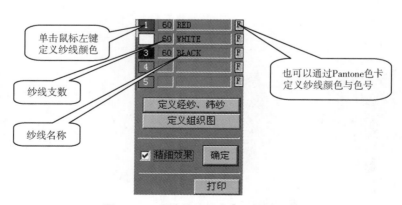

图 2-41　【简单机织布】工具选项栏

2. **定义经纬纱线**　在工具选项栏中，单击【定义经线、纬线】按钮，弹出如图2-42所示对话框。对话框右侧会显示已经定义好的纱线色块，按住鼠标左键将色块拖至横向和纵向的白色条状区域，松开鼠标后，在纱线数目设定框中输入数值，单击【确定】按钮，即可完成经纱和纬纱的设定。

3. **定义纱线组织图**　在工具选项栏中，单击【定义组织图】按钮，系统则弹出如图2-43所示的对话框。首先设定组织图的行数与列数，单击【√】按钮确定，然后在对话框的中央，通过单击鼠标左键来定义经浮点与纬浮点，组织图中白色表示经浮点，黑色表示纬浮点。定义组织图时，也可以单击【打开】按钮，调入已保存的组织图文件，设定完毕后，单击【确定】按钮即可。

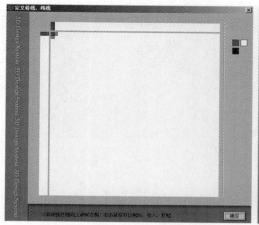

图 2-42　【定义经线、纬线】对话框

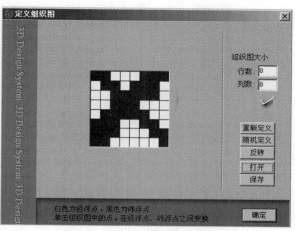

图 2-43　【定义组织图】对话框

4. **自动生成机织面料**　单击工具栏中的【确定】按钮，若经纬纱线的数目与组织图不匹配，系统将会弹出询问是否允许自动匹配的对话框，单击【是】按钮，系统将自动生成机织面料，如图2-44所示。

（二）提花机织面料设计

在面料设计中心，既可以进行简单机织面料设计，也可以进行提花机织面料设计。

1. **总体界面**　选择【简单机织布】工具组中的第二个工具，单击选项栏中的【定义机织面料】按钮，进入提花机织面料设计的界面，如图2-45所示。

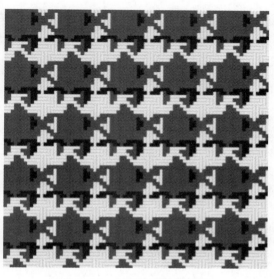

图 2-44　自动生成机织面料

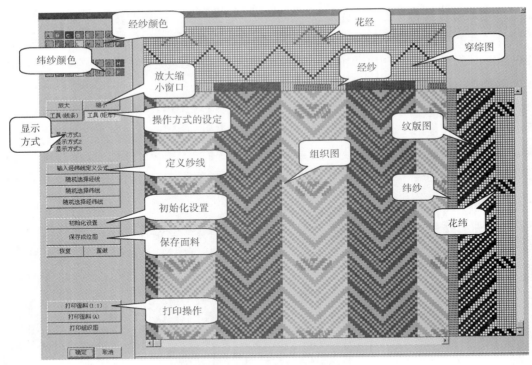

图 2-45　【提花机织面料设计】界面

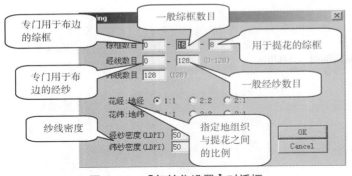

图 2-46　【初始化设置】对话框

2. **初始化**　单击【初始化设置】按钮，系统即弹出如图 2-46 所示的对话框。设计提花面料时，应设定提花的综框数和地组织与提花之间的比例关系；而对于一般机织面料的设计，只设置一般综框数即可，提花综框数可以设置为"0"。

3. **调整显示比例和设定操作方式**　位于界面左侧如图 2-47 所示的【放大】与【缩小】选项按钮，可以调整显示比例，【工具线条】与【工具矩形】按钮是关于操作方式的设定，通常可选择【工具矩形】按钮，是通过矩形的框选操作来设定纱线的。

4. **设置显示方式**　主要可用来设置面料设计效果的显示方式。对于提花面料设计，通常选择【显示方式 1】，该方式表示花经与花纬显示在地经与地纬的上方，与实际编织效果更接近。

5. **定义纱线颜色**　设定纱线颜色时，只需在色块上双击鼠标左键，在弹出的调色板上或 Pantone 色卡中，选择需要的颜色即可。【V】字按钮表示把所有经纱复制到所有纬纱，【A】字按钮表示把所有纬纱复制到所有经纱；色块中的英文字母则表示纱线的编号，使用公式法定义经纱与纬纱时要用到这些编

放大	缩小
工具(线条)	工具(矩形)

图 2-47　显示比例与操作方式的设定

号。如图 2-48 所示。

6. **定义穿综图**　穿综图是用于描述每根经纱
所使用的综框。综框越多就表示编织的图案越复
杂。若在【工具线条】操作方式下，既可以在穿
综图中描点，也可以在穿综图中画线；而在【工
具矩形】的操作方式下，通过框选一个矩形范围，则弹出如图 2-49 所示的快捷菜单，选
择穿综方式即可。

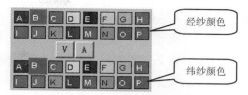

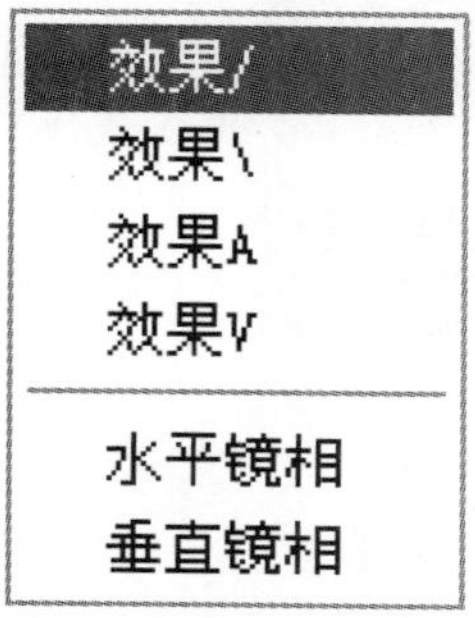

图 2-48　纱线颜色的设定

图 2-49　纱线穿综方
式快捷菜单

7. **定义纹版图**　纹版图是用于描述纬纱与各经纱之间的关系
的。定义纹版图的操作方法与定义穿综图的方法基本类似。在【工
具（矩形）】的操作方式下，通过框选一个矩形范围，则弹出如图 2-50
所示的快捷菜单，选择纹版方式即可。

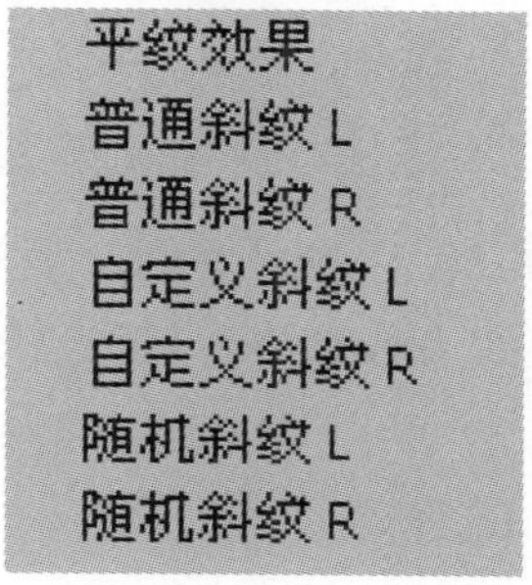

8. **定义经纬纱线**　操作时，首先选择
纱线的颜色，确认是在【工具（矩形）】
的操作方式下，然后在经纱或纬纱上框选，
即可改变纱线的颜色。当按住 Ctrl 键同时
框选时，则可以直接输入经纱的数目。对于较复杂的经纱颜色的
设定，则需要多次框选，如图 2-51 所示。

纬纱的定义方法与经纱相同。

图 2-50　纱线纹版方式
快捷菜单

图 2-51　定义经纱示意图

9. **使用公式定义经纬纱**　除了步骤 8 中的定义经纬纱线的方法以外，还可以使用公
式来定义。其操作步骤是：单击【经纬纱线定义公式】按钮，系统会弹出如图 2-52 所示
的对话框，在对话框中输入公式即可。公式中的字母是纱线的编号，其中的数字是纱线
的根数。例如公式 4A12B2C 表示 4 根经纱 A，12 根经纱 B，2 根经纱 C；而公式 2A8B4
（2C8D2C）中的 4（2C8D2C）则表示（2C8D2C）要重复 4 次。

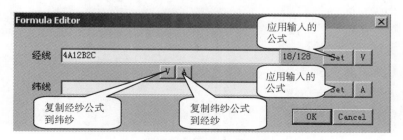

图 2-52　使用公式定义经纬纱

10. **插入花经与花纬**　由于在初始化设置中，已经设定了用于提花的综框数目，因此，当初始化完毕后，在穿纵图的上方会出现如图 2-53 所示的黄色区域，该部分是用来定义提花的经纱（简称花经），与之相同的是，位于纹版图右侧的黄色区域是用来定义提花的纬纱（简称花纬）。

插入花经与花纬的方法与步骤 8 中的定义经纬纱线基本相同。

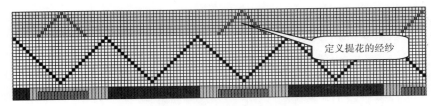

定义提花的经纱

图 2-53　插入花经的示意图

（三）印花面料设计

1. **新建面料**　该步骤是将面料的图案新建为系统承认的可编辑面料。新建面料的方式大致可分为从扫描图新建和从素材库新建两种。

（1）从扫描图新建面料的操作步骤：首先进入面料设计中心，系统将会自动新建默认面料，然后选择【选择面料】▦ 工具，在工作区单击鼠标右键选择【扫描面料】命令，弹出对话框即可开始面料的扫描，扫描完毕后即可新建面料。

（2）从素材库新建的操作步骤：在款式设计或面料设计中心，打开素材库中的图案，然后选择【选择面料】工具，将其拖至默认面料；也可以在素材库中双击图案或者将其拖至【new】字样上，然后在新增面料上双击鼠标左键，使其进入工作区。

2. **剪裁图案**　剪裁图案步骤可以对图案进行裁切，只保留设计需要的部分。其操作步骤是选择【剪裁处理】工具组中的普通剪裁工具 ▧，在工作区按照左上、右上和右下的顺序拖出矩形框，以定义剪裁范围，然后单击【√】按钮确认，如图 2-54 所示。

图 2-54　图案的剪裁

如果需要保留精确轮廓的图案，则可使用【修改透明度】工具操作。该工具组包含按范围修改  和按颜色修改 两种工具。在此以按范围修改透明度为例讲述其具体操作步骤：首先按 田 键放大工作区，选择该工具，在工作区绘制要保留的轮廓（操作方法同【新建曲面】工具），然后在选项栏中选择【外部全透明】，单击【√】按钮即可，如图 2-55 所示。

图 2-55　保留部分图案的示意图

3. **图案边界的处理**　进行图案面料填充时，边界可借助下面的方法进行处理。

（1） 边缘的扩展：该工具是用于扩大图案边缘范围的工具，也就是说它可以调整面料单元图案的稀密程度。其操作步骤是选择该工具，在如图 2-56（a）所示的工具栏进行设置，单击【√】按钮即可完成图案边缘的扩展，如图 2-56（b）所示。

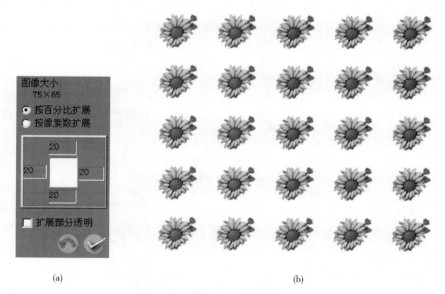

(a)　　　　　　　　　　　　　(b)

图 2-56　【边缘扩展】对话框和完成图

（2） 边界移位：该工具可以把图案的边界移至面料的中央，其目的是通过图案位移使面料的边界能够完全对接。该工具主要用于扫描图案的设计。其操作步骤可以参照

如图 2-57（a）所示的选项栏进行设置，单击【√】按钮即可。图案边界移位完成图如图
2-57（b）所示。

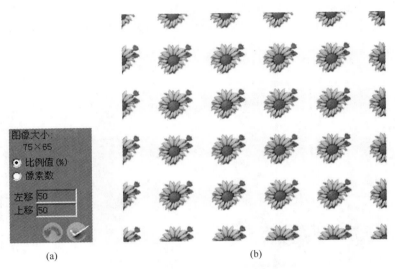

（a）　　　　　　　　　　　　　　　（b）

图 2-57　【边界移位】对话框和完成图

4. **图案的回位**　回位是面料设计的重要概念，相当于图案设计中的四方连续与二方
连续，实际上就是面料设计中图案的对接方式。在面料设计时，设计师是在一定的版面
中进行，而实际的面料宽度与长度势必要大于设计的版面，进行图案的回位后，图案就
可以在面料中无限平铺。

面料设计中心为设计师提供了多种回位工具，如【自动回位】工具 ■，较适合从
位图中获得的图案或者粘贴过来的图案的回位，设定参数后，系统将自动形成回位；如
前所述的剪裁工具与边界移位也能够形成回位。以下主要讲述使用【设置指定的印染层】
工具实现图案的回位。

其操作步骤：选择【设置指定的印染层】工具，在如图 2-58（a）所示的选项栏中可
以对面料的透明度、图案的大小与角度以及图案的回位等参数进行设置。在【回位】选
项中，可设置原点位置和回位方向，同时在选中该工具状态下，在工作区单击鼠标右键，
则会弹出如图 2-58（b）所示的快捷菜单，可以设置水平或垂直方向的 1/2、1/3 与 2/3 回位。

如图 2-59 所示是水平方向的 1/3 回位。

5. **增加面料底色与材质**　由于该系统具有分层设计的特点，设计时，可以将面料底
色与材质等设计要素置于其他层上，这样使多个层的设计内容叠加起来，即是最终的设
计效果。

在面料设计中，初始状态，只存在一个层，在层左侧的白色缩览图中单击鼠标右键，
即可增加层，可以在图案层下方增加底色层，在其上方增加材质层。选择底色层，按 F2
键显示色卡，将颜色拖至该层；选择材质层，从素材库中选择材质并将其拖至该层。如
图 2-60 所示。

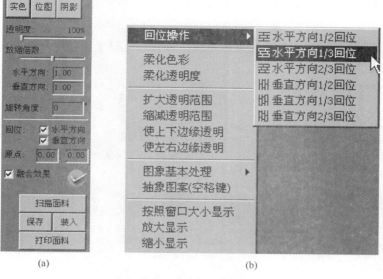

(a)   (b)

图 2-58 【设置指定的印染层】选项栏和回位快捷菜单

6. 自动配色 操作步骤：

（1）选择【合并颜色】工具，单击【自动选定颜色】按钮，输入图案的颜色数量，系统将自动合并生成色块，如图 2-61 所示。

（2）如果图案中有杂点，可选择【去除杂点】工具，设置去除杂点范围，单击【自动去除杂点】按钮即可。

（3）选择【改变色彩】工具，工具栏将显示步骤（1）中选定的颜色，其中色块的左侧为原始色，右侧则是目标色，使用鼠标左键点击目标色块，则会弹出调色

图 2-59 水平方向 1/3 回位示意图

板，待选择颜色后，即可观察到如图 2-62 所示的改变颜色之后的效果，然后在选项栏中

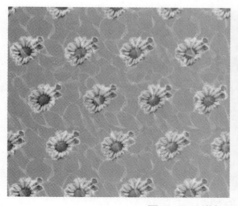

图 2-60 增加面料的底色与材质

单击【自动换色】按钮，系统将每隔 3 秒钟自动换色一次，满意时，在工作区中单击鼠标左键或者单击【√】按钮，系统即可停止换色，如图 2-63 所示。

【自动组合】表示图案中颜色位置的重组。操作与【自动换色】相同。

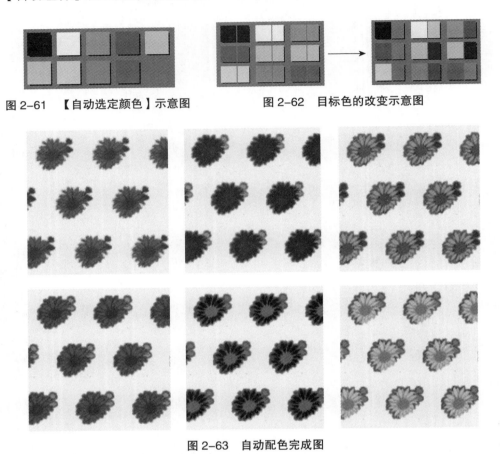

图 2-61　【自动选定颜色】示意图　　　　图 2-62　目标色的改变示意图

图 2-63　自动配色完成图

第四节　平面设计中心

平面设计中心的主要功能是进行平面图像的处理。能够实现在保留图片原有的明暗度与褶皱感的基础上进行面料的更换，可以使图片中的局部服装款式进行变形处理，同时拥有丰富的画笔工具以及图片的明暗与色调编辑工具等。

一、新建画板

系统中的画板是指位图，也就是通常所说的扫描图、位图文件以及使用 Photoshop 与

Painter 等软件生成的文件。

新建画板的途径有很多，例如在款式设计中心内，使用【选择对象】工具选择扫描款式图、扫描配饰图以及从素材库中调用的位图文件或打开其他路径下的位图文件等，然后点击工作区左下角的 图标，才能进入【平面设计中心】进行位图的编辑与处理。

二、局部面料的更换

局部更换面料工具主要用于位图局部面料与颜色的更换。

（一）新建图片版面

在款式设计中心内，选择菜单【素材库】/【时装图片】，将屏幕下方的任一图片拖入工作区，然后使用【选择对象】工具将其选中，点击工作区左下角的 🔵图标，进入平面设计中心。此时，该图片在平面设计中心内即可新建与图片大小相同的版面。

（二）选择【局部更换面料】 🔳工具

选择该工具后出现如图 2-64 所示的选项栏，其操作步骤：

（1）定义更换面料的范围：选择【局部更换面料】工具选项栏中的【定义范围】按钮，绘制位图中更换面料部分的轮廓，方法与【新建曲面】工具相同。若只需要更换面料颜色，则按 F2 键，将屏幕下方的颜色拖至工作区即可；若需要更换面料图案，则需进入下一步骤——定义网格，如图 2-65 所示。

图 2-64 【局部更换面料】选项栏

图 2-65 更换面料颜色示意图

（2）定义网格：

①选择工具中的【定义网格】按钮，首先用鼠标在需要更换面料的部分拖出一个矩形框，矩形框的绘制顺序是左上、右上和右下，如图 2-66（a）所示将其边界线调整至与服装的轮廓相似。

②设置水平与垂直网格线的数量，单击【分割】按钮，分割之后，还可以调整网格点，使网格与面料图案走向更加贴切。网格定义好后，在工作区中单击鼠标右键，选择【保存网格】将其保存，如图 2-66（b）所示。

③更换面料时，从素材库中选择合适的面料，然后在工具选项栏中设置面料图案的大小、旋转角度和高光比例（表示控制面料的亮度参数），再将面料拖至工作区即可。选择【观察效果】按钮，以更好的显示面料更换的效果，如图 2-66（c）所示。

(a)　　　　　　　　　(b)　　　　　　　　　(c)

图 2-66　网格更换面料示意图

三、位图的局部变形

该工具主要用于扫描的款式图、配饰图的局部变形。下面以位图中服装领型的变化为例讲述其操作方法。

首先选择位图，进入平面设计中心，首先选择工作区右下角的【改变比例显示】按钮，将编辑的部分放大，选择【局部变形】工具，出现如图 2-67 所示的工具选项栏。其操作步骤：

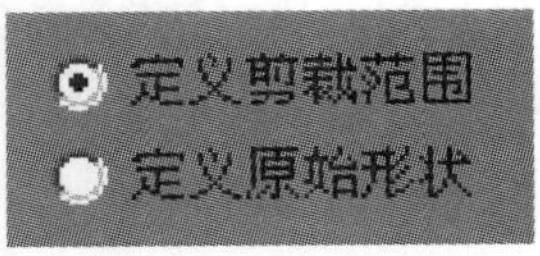

（1）定义剪裁范围：该步骤是指绘制局部变形的操作范围。选择选项栏中【定义剪裁范围】按钮，绘制轮廓（具体操作参见第二节的【新建曲面】工具），如图 2-68（a）所示。

（2）定义原始形状：是指绘制变形前的领部轮廓。选择选项栏中【定义原始形状】

◉ 定义剪裁范围
◯ 定义原始形状

图 2-67　局部变形工具
选项栏

按钮，按照左上、右上、右下顺序绘制变形前的矩形框，然后将其调整为与领部轮廓完全吻合的状态，如图 2-68（b）所示。

（3）定义目的形状：是指绘制变形后的领部轮廓。选择选项栏中【定义目的形状】按钮，此时，只需将原始形状调整为变形后的领部轮廓。待以上步骤完成后，单击【√】按钮确认即可，如图 2-68（c）所示。

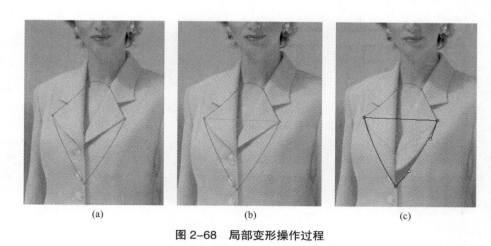

图 2-68　局部变形操作过程

最终效果如图 2-69 所示。

图 2-69　局部变形完成图

四、画笔

进入平面设计中心，选择【画笔】工具，出现如图 2-70 所示的工具选项栏，画笔类型主要包括彩笔、色调笔、克隆笔、透明笔、亮度笔和柔和笔。不同的类型将显示不同

图 2-70　【画笔】工具
选择框

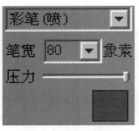

图 2-71　【彩笔】工具
选项栏

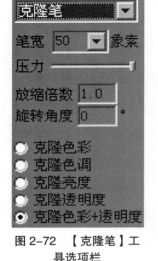

图 2-72　【克隆笔】工
具选项栏

的选项栏。在使用画笔时，可根据设计需要综合运用多种画笔效果。

【彩笔】工具：分为彩笔（喷）和彩笔（实）两种效果，前者笔触边缘较柔和，后者边缘较清晰。可以通过选项栏中笔触大小、压力与颜色的设置，得到不同的彩笔效果。当按住 Shift 键可以在工作区任意位置吸取颜色，工具选项栏如图 2-71 所示。

【色调笔】工具：可以根据所选颜色来改变位图的色调。工具选项栏与彩笔基本相同。

【克隆笔】工具：具有复制位图色彩、色调等功能。其操作步骤是首先选择选项栏中的克隆类型，按住 Alt 键在被复制位置单击鼠标左键，然后松开 Alt 键在目标位置按住鼠标左键拖动，开始复制，工具选项栏如图 2-72 所示。

【透明笔】工具：具有修改位图透明度的功能。其工具选项栏如图 2-73 所示，其中的【透明】按钮可以将笔触设置为透明的效果；而【不透明】按钮可以恢复位图中的透明效果。

图 2-73　【透明笔】工
具选项栏

图 2-74　【柔和笔】工
具选项栏

【柔和笔】工具：具有柔和位图色彩的功能。通常在对位图中有图案的面料进行更换时，可以先使用【柔和笔】工具将原始图中的图案柔化处理，再进行面料的更换，会得到较理想的效果，其工具选项栏如图 2-74 所示。

思考题

1. 在款式设计中心，如何进行版面与分辨率的设置？

2. 如何将素材库中的模特添加至工作区，并将其调整至与版面大小匹配？

3. 如何使曲面产生简单的立体感？又如何对曲面的立体感进行编辑与修改？

4. 从学习库中调入一款服装，使之与选择的模特相匹配。

5. 运用网格工具进行服装效果图的设计。

6. 如何将扫描的图片在面料设计中心打开，并改变面料图案的大小，然后分别按 30°、45° 和 90° 旋转面料图案方向？

7. 将扫描的图片作为款式设计的背景，并调节图片的透明度。

8. 如何将时装库中图片的一部分做成面料，并为面料添加材质？

9. 如何进行机织面料的设计，并将其保存在面料库中？

10. 选择一幅有面料图案的服装图片，试着将此面料更换颜色或其他面料图案。

11. 如何将图片中的局部款式进行变形处理？

日升服装 CAD 系统

课题名称：日升服装 CAD 系统

课题内容：系统概述

日升打板系统

日升推板系统

日升排料系统

课题时间：24 课时

教学目的：让学生了解和掌握服装 CAD 系统的功能与工具的操作方法。通过大量的实例训练，旨在使学生学会如何将服装结构设计理论与 CAD 系统应用更好地相互结合。

教学方式：讲课与上机操作相结合

教学要求：1. 让学生了解该系统的概况、功能与工具的操作方法。

2. 使学生掌握服装 CAD 系统的特色功能与应用技巧。

3. 通过大量的实例练习，使学生具备综合纸样设计的能力。

课前准备：掌握服装结构设计的相关知识，并具备一定的纸样设计的能力。

第三章　日升服装 CAD 系统

第一节　系统概述

日升（NACPRO）服装 CAD 系统主要包括系统管理、打板、推板和排料模块。系统管理中主要包含丰富的原型库。打板模块为板师提供了数值和尺寸表两种打板方法，除了具有基本的绘图工具以外，还拥有多种对纸样的调整、剪切、伸缩、变形、相似、圆顺和拼合等编辑与修改功能，同时具有丰富而灵活的省道与褶裥的处理功能、文字与记号的标注和纸样的检查与测量功能。推板模块有点放码和切开线放码两种方法，其中，切开线放码法是该系统的特色功能之一。排料模块能够实现人机对话排料、自动排料和对格对条排料。此外，系统还具有完善的纸样输入与输出功能，使用纸样输入设备可以自由读取各种纸样或衣片，系统兼容多种不同品牌和型号的绘图机、切割机、裁床与打印机等输出设备。

一般来说，不同的服装 CAD 系统拥有各自的文件类型与操作方式。了解这部分内容有助于正确地使用软件。

一、文件类型与格式

NACPRO 系统文件类型与格式见表 3–1。

表 3–1　NACPRO 系统文件类型与格式

文件类型	文件格式	文件类型	文件格式
打板文件	*.pac	尺寸表文件	*.siz
推板文件	*.pac	曲线文件	*.crv
排料文件	*.amk	输出文件	*.pac、*.out、*.plt
款式文件	*.bmp	兼容文件	*.dxf、*.hpgl

二、选择要素的模式

NACPRO 系统选择要素的模式见表 3-2。

表 3-2 NACPRO 系统选择要素的模式

图标	名称	说 明	光标
	要 素	构成图形的单个元素（如直线、曲线等）。只能逐一来选择	⋈
	领域内	选取对角两点所指示的矩形框内的要素，如图 3-1（a）所示	▽
	领域上	选取对角两点所指示的矩形内的要素以及与该矩形框相交叉的要素，如图 3-1（b）所示	▽
	布 片	选取做成的布片。包括布片上的全部要素	☝
	连线要素	选取首尾相连的多个要素	⋈
	最小外周	选取框选的多个要素所组成的最小封闭区域	▽

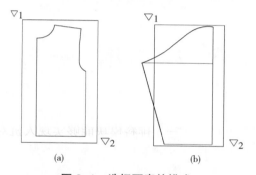

图 3-1 选择要素的模式

三、点的类型

NACPRO 系统点的类型见表 3-3。

表 3-3 NACPRO 系统点的类型

图标	点的类型	说 明	光标
	任意点	工作区的任意位置点	▽
	端 点	距要素两端点较近的一端为选取端点	⋈
	中心点	要素的中间点	⋈
	交 点	两要素的交点	⋈
	投影点	要素上的任意位置点	⋈
	比率点	根据要素长度的比例来指示点	⋈
	参数点	要素上设定某一个参数的点	⋈

四、常用快捷键

NACPRO 服装 CAD 系统常用快捷键见表 3-4。

表 3-4　NACPRO 系统常用快捷键

快捷键	功　　能	快捷键	功　　能
F1 键	任意点	F8 键	要　素
F2 键	端　点	F9 键	领域内
F3 键	中心点	F10 键	领域上
F4 键	交　点	F11 键	布　片
F5 键	投影点	F12 键	最小外周
F6 键	比率点	← → 键	曲线点的回退或前进、去除多余框选要素
F7 键	参数点		

第二节　日升打板系统

日升 NACPRO 系统安装后，双击 图标，进入如图 3-2 所示的主画面。单击 图标，则进入打板界面，选择新建 图标，建立尺寸表后，开始纸样设计，如图 3-3 所示。

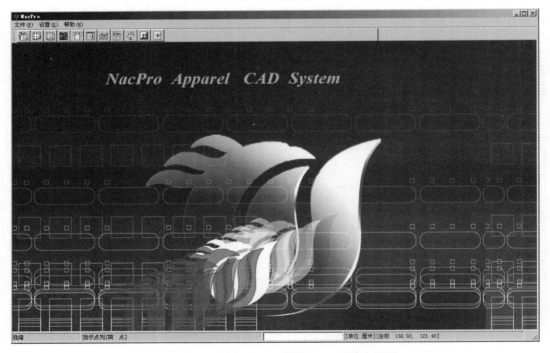

图 3-2　日升 NACPRO 服装 CAD 系统主画面

本节以日升 NACPRO 服装 CAD 系统的企业版为基础，讲述原型库的使用、打板的基本工具以及纸样设计的方法。

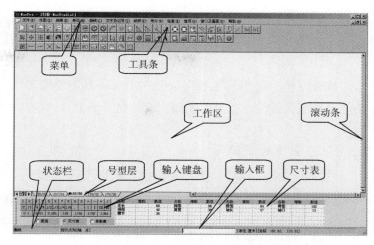

图 3-3　日升 NACPRO 打板系统界面

一、原型库的使用方法

快速生成原型一直是日升服装 CAD 系统的特色之一，日升 NACPRO 则在旧版本的基础上做了许多改进，将原型作为数据库放在系统管理模块中，使得操作者无论是查找调用还是修改尺寸都方便快捷了许多。

原型库包括成人女子原型、妇人原型、男装原型和谢良八分式女装原型，每个原型又分为基础原型图、加袖原型图以及有省原型图，方便用户选择。

调用原型库时，双击 图标，进入如图 3-2 所示的主画面，选择 ，进入系统管理界面，如图 3-4 所示，然后选择需要的原型，在工作区双击鼠标左键，即可进入打板界面继续操作。若要修改原型的尺寸，则选择 ，进入尺寸表修改尺寸和档差。

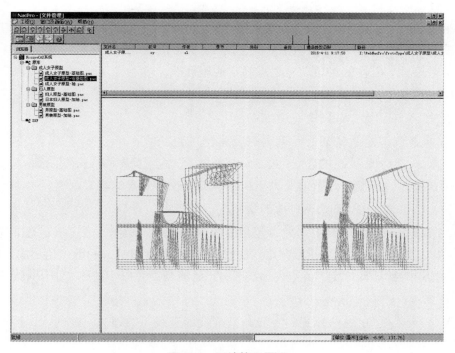

图 3-4　系统管理界面

二、打板系统绘图工具

打板系统绘图工具主要可以分三类，即基本绘图工具、编辑工具和修正工具。系统中的绘图工具既可在菜单中选择，也可在常用工具条中选择相应的按钮。

（一）基本绘图工具

前面讲述的几种要素模式和点类型只能配合工具使用，不能单独使用，可根据操作需要进行选择。在画线取点时，可以先选择画线的工具，再输入数值，然后在要素上取点。若从此点继续作定长的线，可输入数值以确定线的长度。值得注意的是，凡是有关输入数值的操作，必须按Enter键确认。

1. 画线　绘制直线或曲线。操作方法：用鼠标左键指示两个点列，单击右键结束，可绘制任意直线（若鼠标左键指示一个点列后，按Shift键，可绘制水平线。按Ctrl键，可绘制垂直线。在输入框中，按照坐标正负值输入数值，按Enter键，可绘制定长的直线）；用鼠标左键指示多个点列，单击右键结束，可绘制曲线。系统默认的点类型为［端点］，可以根据需要选择其他的点类型。

2. 间隔平行　绘制指定距离的平行线。操作时，先输入间隔量，指示平行要素，再指示平行侧（即在平行要素的哪一侧作平行线），按Enter键确认。根据提示，按Shift键，可切换为【点平行】工具（过一点作某一要素的平行线。操作时分别指示被平行要素和通过点即可）。

3. 矩形　绘制任意或定值的矩形。操作方法：绘制任意矩形时，指示矩形对角两点▽1▽2。绘制定值矩形时，单击左键，工作区将出现一个不确定的矩形框，输入"x25y-60"（或"25，-60"），按Enter键，即可得到高60cm、宽25cm的矩形，如图3-5所示。

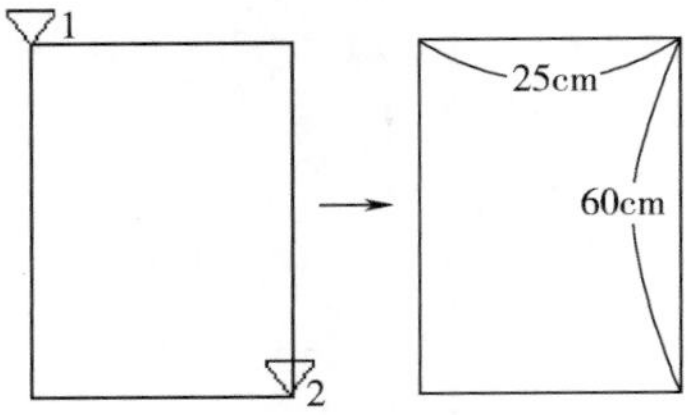

图3-5　矩形

4. 长度线　绘制从某一点到另一要素上的定长直线。操作方法：指示长度线的起点，再指示基准要素，输入长度线的长度，按Enter键确认。输入线段长度时，应确保其数值要大于从基准点到投影要素的垂直距离，否则将不能绘出长度线。该功能常用于袖山基础线的绘制。

5. 角度线　绘制与某要素成一定角度的定长直线。操作方法：指示基准要素，输入线的长度，按Enter键，然后指示角度线的起点，输入角度，按Enter键确认。输入角度时，正值表示按逆时针计算角度，负值表示按顺时针计算角度（以下简称"逆正顺负"）。

6. 垂线　绘制与基准要素垂直的定长线。操作方法：指示垂直基准要素，输入垂线的长度（当输入"0"，表示通过一点作基准线的垂线），按Enter键确认，再指示垂线的通过点和延伸方向即可。

7. 等分线　做出两要素之间的等分线。操作时选择菜单【作图】/【等分线】，在要素的同一侧分别指示要素 1 和要素 2，输入等分数，按 Enter 键确认即可。

8.**半径圆** 根据半径作圆。操作时选择菜单【作图】/【半径圆】，先指示圆心，输入圆半径，按 Enter 键确认即可。

（二）编辑工具

编辑工具中主要包括要素或图形的移动、拷贝、旋转、翻转和补正工具。

1.**要素或图形的移动、拷贝与旋转**

（1）✛任意移动：任意移动要素或图形。操作方法：选择移动的图形要素，单击右键，然后移动至目标位置，单击左键即可。若按住 Ctrl 键选取图形要素，可以将其拷贝移动（以下工具在拷贝时，操作方法均相同）。

（2）✛指定移动：按指示两点的方向和距离移动要素或图形。操作方法：选取图形要素，单击右键，指示移动的前后两点；若需输入移动量时，左键单击移动前的一点，再输入 x/y 值，按 Enter 键确认即可。

（3）旋转移动：要素或图形根据移动前和移动后的两点旋转。操作方法如图 3-6 所示：选取图形要素［领域上］▽1▽2，单击右键；指示移动前两［端点］⋈3⋈4；指示移动后两［端点］⋈5⋈6；再指示移动位置［任意点］，弹出如图 3-7 所示的对话框，单击 确定 即可。

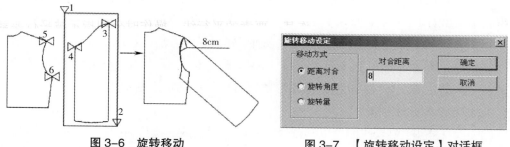

图 3-6 旋转移动　　　　　　　　　　图 3-7 【旋转移动设定】对话框

（4）⬦对合移动：将图形或要素进行移动对合。操作方法：指示移动要素［领域上］▽1▽2；单击右键；指示对合［要素］⋈3；指示接触开始位置［要素］⋈4；指示参照［要素］⋈5；指示接触开始位置［要素］⋈6；指示对合［任意点］▽7；单击右键；然后根据需要输入序号（1= 结束；2= 复原；3= 反转），按 Enter 键确认，如图 3-8 所示。

（5）角度旋转：根据角度旋转要素或图形。操作方法：选取图形要素，单击右键，指示旋转中心和旋转点，指示旋转位置或输入旋转角度（按 ← 或 → 键表示旋转 1°，按 Ctrl + ← 或 → 表示旋转 0.1°），按 Enter 键确认即可。

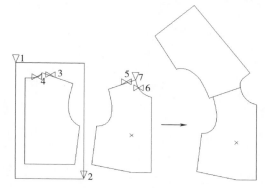

图 3-8 对合移动

（6）定量旋转：根据指定量旋转要素或图形。操作方法：选取图形要素［领域上］▽1▽2，单击右键；指示旋转中心［端点］▷◁3；指示旋转［端点］▷◁4；输入旋转量（逆正顺负）：10，按 Enter 键确认，如图 3-9 所示。

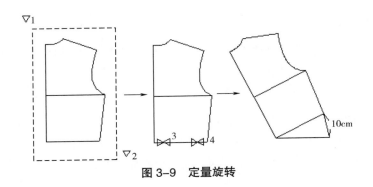

图 3-9　定量旋转

2. 要素或图形的翻转与复制

（1）水平反转：图形以水平线为对称轴反转。操作方法：选择菜单【编辑】/【水平反转】选取图形要素，单击右键，指示反转基准点，即可完成水平反转。

（2）垂直反转：图形以垂直线为对称轴反转。操作方法：选择菜单【编辑】/【垂直反转】选取图形要素，单击右键，指示反转基准点，即可完成垂直反转。

（3）两点反转：图形以两点的连线为对称轴反转。操作方法：选择菜单【编辑】/【两点反转】，选取图形要素，单击右键，指示反转基准的两点即可。

（4）▓ 要素反转：图形以要素为对称轴反转。操作方法：选取图形要素，单击右键，指示反转基准要素，即可完成要素反转。选择该工具时，可以按 Shift 键切换为水平、垂直或两点翻转工具。按住 Ctrl 键选择图形要素时，则是翻转复制功能。

3. 要素或图形的补正

（1）垂直补正：要素或图形以某条线为基准垂直摆放。操作时，指示要补正的要素［领域上］▽1▽2，单击右键；指示垂直基准线［要素］▷◁3；指示补正后的位置［任意点］▽4，如图 3-10 所示。选择该工具时，按 Shift 键可切换为水平补正功能。

（2）水平补正：要素或图形以某条线为基准水平摆放。其操作方法可参照【垂直补正】工具。

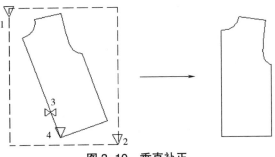

图 3-10　垂直补正

（三）修正工具

修正工具主要包括要素的修正工具以及曲线、图形的修正工具。

1. 要素的修正工具

（1）▓ 删除：删除选择的要素或图形。操作方法：选取图形要素，单击右键即可删除。

（2）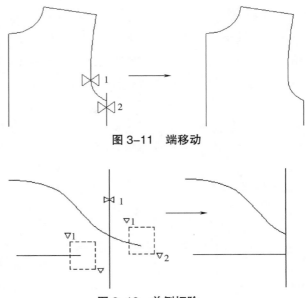 要素端移动：将要素的端点移动到新端点。操作方法：如图 3-11 所示，指示要素的移动端［要素］▷◁1，再指示移动后的［端点］▷◁2，即可完成要素的端移动。

图 3-11 端移动

（3）单侧切除：切断线对被切断线的切断和修正。操作方法：如图 3-12 所示，指示修改侧的切断线［要素］▷◁1；指示修改要素［领域上］▽1▽2，单击右键，即可完成线的切断与修正。

（4）两侧切除：对两条切断线之间的要素进行修正。操作时，选择，按下 Shift 键切换为两侧切除功能。先

图 3-12 单侧切除

指示两条切断线，单击右键，再指示修改要素，单击右键确认即可。

（5）线切断：切断要素将一条或多条被切断要素切断。操作方法：指示被切断要素，单击右键，指示切断线。被切断线将切成两条线段。按下 Shift 键可切换为点切断功能。

（6）点切断：被切断要素在指定切断点处断开。操作方法：指示被切断要素，再指示切断点即可。按下 Shift 键可切换为要素相互切断功能。

（7）要素相互切断：两交叉要素相互切断。操作时，指示两条切断要素，单击右键即可。

（8）连接角：将两要素的端点连接成角。操作时，指示构成角的两条要素即可。该功能常用于封闭纸样的外轮廓。

（9）修改要素：伸缩要素或按指定长度修正要素。选择工具，先在如图 3-13 所示的对话框选择修改方式，若伸缩要素，则选择 延长 ，在 指示端 框内输入伸缩长度（延长时输入正值，缩短时输入负值），单击 确定 设定完毕。

操作方法：指示要素的伸缩端，单击右键确认；若需重新指定要素长度，则选择 指定尺寸 ，在 输入长度 框内输入要素的长度，操作时，指示要素的移动端，单击右键确认。

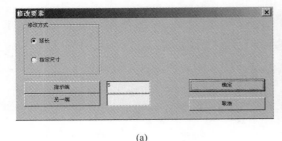

(a)

(b)

图 3-13 【修改要素】对话框

（10）圆角：将两要素的夹角变为圆角。操作方法：先指示构成角的两条线，然后指示圆心。若做任意圆角，则在上步骤中指示的第一条线上任意点处点击。若做定值圆角，则选［端点］模式输入数值，Enter 键确认，并指示第一条线的端点，即可作成圆角。该功能常用于口袋与衣摆圆角的处理。

2. 曲线的修正工具

（1）修改点：通过动态移动单个点列来调整曲线。操作方法：如图 3-14 所示，指示要修正的曲线［要素］⋈1；指示移动的［任意点］▽2；指示移动后的［任意点］▽3，单击右键。

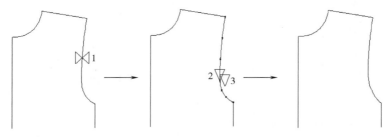

图 3-14　修改点

（2）修改点列：改变曲线上的点，使整条曲线上的点都被修正。操作方法：选择菜单【修改】/【修改点列】，首先指示要修改的曲线［要素］⋈1；再指示曲线上要修改的［任意点］▽2；指示修改后的［任意点］▽3，如图 3-15 所示。当指示要修改的曲线后，按 Ctrl 键可在曲线上以追加点列，按 Shift 键可以删除点列。

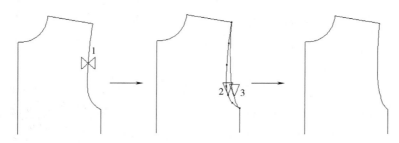

图 3-15　修改点列

（3）相似：参照基准曲线，对所选要素进行相似处理。操作方法：选择菜单【曲线】/【相似】，指示参照曲线，指示被置换的曲线，单击右键确认。

（4）变形处理：将要素进行变形处理。操作方法：如图 3-16 所示，指示变形线的［端点］⋈1；指示变形位置［任意点］▽2；指示变形之后的［端点］⋈3，在输入框中先输入"3"，Enter 键确认，再指示⋈3。该功能可用于绘制衣摆起翘、贴边等。

（5）拼合：将多条直线或曲线拼合成一条曲线。操作方法：依次指示要拼合的要素，单击右键，输入拼合后曲线的点数（大于等于 3），Enter 键确认即可。

（6）拼合修改：通过假定拼合将一条或多条线进行整体修改，改变曲线形状。操作方法：指示拼合要素（固定端或拼合端）［要素］⋈1⋈2⋈3；点击右键；输入曲线点数"12"；然后指示曲线上的点进行修改，按 Ctrl 键为加点，按 Shift 键为减点。如图

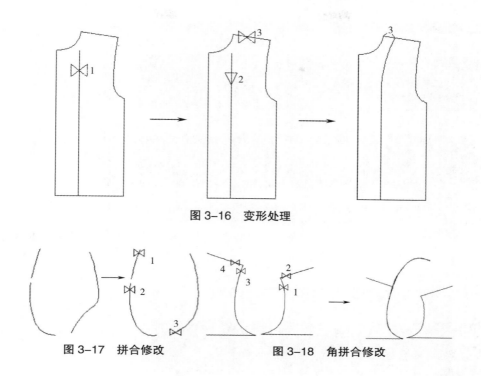

图 3-16　变形处理

图 3-17　拼合修改　　　　图 3-18　角拼合修改

3-17 所示，曲线条数不变，只是改变曲线的形状。

（7）角拼合修改：通过假定拼合，修改构成角度的曲线要素。操作方法如图 3-18 所示。选择

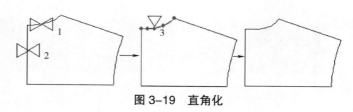

图 3-19　直角化

【曲线】/【角拼合修改】，指示移动侧修改曲线［要素］▷◁1；指示移动侧基准线［要素］▷◁2；指示固定侧修改曲线［要素］▷◁3；指示固定侧基准线［要素］▷◁4；输入对合距离"0"；输入曲线点数"8"；指示曲线上的点进行修改，按 Ctrl 键为加点，按 Shift 键为减点。

（8）🔲 直角化：使曲线的某个位置与基准线构成直角。操作方法：如图 3-19 所示，指示曲线［要素］▷◁1；指示基准线［要素］▷◁2；指示直角化位置［任意点］▽3，然后修改曲线。应该注意的是操作中的基准线必须是直线。

（9）曲线板：借助曲线板绘制或修改曲线。操作方法：选择菜单【曲线】/【曲线板】，弹出如图 3-20 所示的对话框，选择曲线板中的 DCURVE，单击 确定 ；移动曲线板至所需位置，单击鼠标左键放下曲线板；然后选择 其中的按钮，可将该曲线板旋转或对称至合适的位置，再使用 修改点工具，根据曲线板修改曲线。

若要复制曲线板上的一段曲线，则单击 C 按钮，操作方法如图 3-21 所示，指示曲线板上两点［投影点］；再指示曲线设置的两点位置即可。

（10）长度对合：使用曲线库中的曲线作图。操作方法：选择【曲线】/【长度对合】，弹出如图 3-22 所示对话框，选取曲线"houxiulong"，单击【确定】；指示曲线设置位

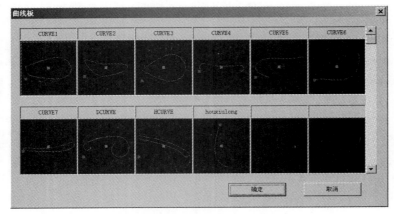

图 3-20 【曲线板】对话框 图 3-21 曲线板

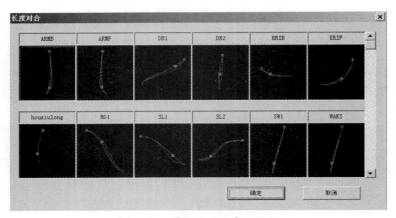

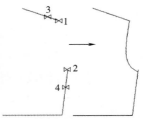

图 3-22 【长度对合】对话框 图 3-23 长度对合

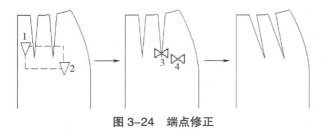

图 3-24 端点修正

置［端点］▷◁1，▷◁2；指示曲线固定端［端点］▷◁3；指示曲线长度调整时的移动端［端点］▷◁4；输入曲线长度"21"（根据提示给定的最小长度确定）；输入曲线凹凸量"0"，即可完成操作。

3. 图形的修正工具

（1）端点移动：根据指定量移动图形的端点。操作方法：选择菜单【修改】【端点移动】，指示领域的对角两点［任意点］▽1▽2；指示移动前后两点［端点］（或输入移动量"x/y"）▷◁3▷◁4，如图 3-24 所示。

（2）任意放缩：根据指定横纵倍率放大或缩小图形。操作方法：选择菜单【修改】/【放缩】，指示放缩要素，单击右键，然后在对话框中，分别输入横向和纵向的放缩倍率，Enter键确认即可。当输入的数值大于 1 时，则表示放大，反之则表示缩小。

三、纸样工具

纸样工具部分主要讲解有关纸样的各种变化与设计工具的操作与应用。例如，各种褶与省道的绘制、省道转移以及纸样的分割、展开与旋转等操作。

（一）做褶工具

1. 倒褶 倒褶也称为单向裥，是裤装中常用的一种褶裥形式。做褶之前需要在做褶的部位绘制好褶线。倒褶操作步骤如下：

（1）选择【纸样】/【褶】，弹出如图 3-25（a）所示的【褶】对话框，设定褶的类型、方式、褶量与斜线等参数，设定完毕后，单击 确定 。

（2）指示纸样：［领域内］▽1▽2，单击右键。

（3）从固定侧开始指示褶线（从固定侧开始）［要素］◁3◁4，单击右键。

（4）指示褶倒向侧：［任意点］▽5。

（5）指示固定侧：［任意点］▽6，如图 3-25（b）所示。

2. 对褶 对褶又分为明裥与暗裥，是裙装中常用的一种褶裥形式。其操作方法请参照【倒褶】。对褶完成图如图 3-26 所示。

3. 袖山褶 在纸样展开部分做出褶线和省折山线。操作方法：首先输入省道的长度"4"，按 Enter 键；斜线的间隔"1"，Enter 键确认；指示倒向侧的省线和曲线［要素］◁1◁2；指示另一侧的省线和曲线［要素］◁3◁4，如图 3-27 所示。

4. 活褶 在省线中做活褶。其操作方法与袖山褶基本相同，如图 3-28 所示。

(a)

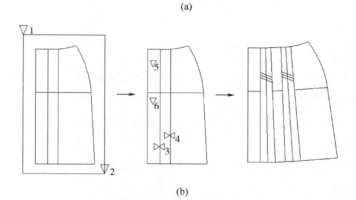

(b)

图 3-25 【褶】对话框与倒褶绘制完成图

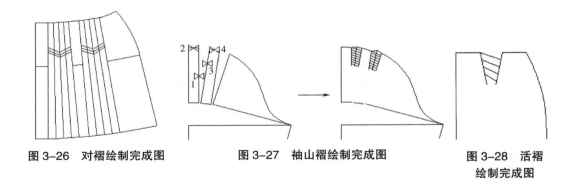

图 3-26　对褶绘制完成图　　　　图 3-27　袖山褶绘制完成图　　　　图 3-28　活褶绘制完成图

5. **两侧展开**　在纸样的剪开线处根据指定的切开量自动展开，该功能常用于制作泡泡袖。剪开线需要提前绘制好，操作步骤如下：

（1）选择菜单【纸样】/【两侧展开】。

（2）指示展开要素的领域对角两点：▽1▽2。

（3）指示分割的基准线［要素］⋈3。

（4）指示切断线［要素］⋈4⋈5⋈6⋈7，点击右键。

（5）输入切开量"2"，Enter键确认，点击右键结束，如图 3-29 所示。

当各切开量不同时，在指示切断线后，单击右键确认，然后输入相应的切开量即可。

6. **单侧展开**　在纸样的剪开线处根据指定的切开量单侧展开，该功能适用于将前袖山或后袖山单侧展开的泡泡袖的绘制。其操作方法参照［两侧展开］。

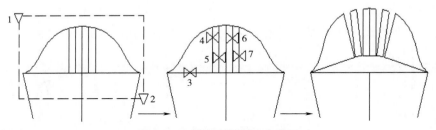

图 3-29　袖山两侧展开完成图

（二）省道工具

1. **省道**　在纸样中制作省道。操作步骤如下：

（1）选择省道图标或【纸样】/【省】，弹出【省】对话框，并如图 3-30 所示的进行省道的设定后，单击 确定 。

（2）如图 3-31 所示，在裙腰处指示开省的位置［中心点］⋈，并向做省一侧拉出一条省线，单击左键结束。

2. **角省**　在纸样边角处插入省道。操作步骤如下：

（1）选择菜单【纸样】/【角省】。

（2）如图 3-32 所示，在裙摆处指示开省的位置［端点］⋈。

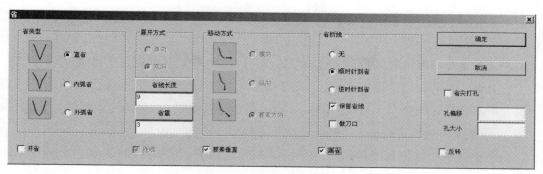

图 3-30 【省】对话框

（3）输入省量"3"，$\boxed{\text{Enter}}$ 键确认。

3.**省的圆顺** 将省底线修正为圆顺的曲线。操作步骤如下：

（1）选择菜单【纸样】/【省的圆顺】。

（2）指示圆顺线［要素］⋈1⋈2⋈3，单击右键。

（3）输入圆顺的曲线点数"8"，$\boxed{\text{Enter}}$ 键确认。

（4）指示曲线上的点［任意点］▽，如图 3-33 所示。

（5）指示修改位置点［任意点］，单击右键结束。

4.**省折线** 绘制省道的折山线。操作方法如图 3-34 所示，指示省［要素］⋈1⋈2，即可完成省折线的绘制。

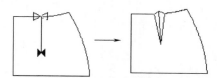

图 3-31 省道完成图

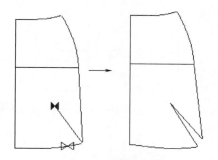

图 3-32 角省完成图

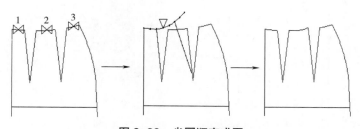

图 3-33 省圆顺完成图

（三）纸样剪开工具

选择菜单【纸样】/【剪开】，其操作方法按照剪开方式，可以分为以下几种：

1.**移动** 将纸样按照剪开线分为两部分。如图 3-35 所示，首先指示被剪开的要素［领域上］▽1▽2；指示剪开线 ▽3，单击右键；指示移动侧 ▽4；然后在弹出的如图 3-36 所示的对话框中，选择【剪

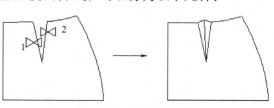

图 3-34 省折线完成图

开方式】中的【移动】，单击 确定 ；再指示移动的前后两点（或输入移动量 "x/y"）[任意点] ▽5▽6。

　　2. **直角方向**　可将纸样剪开，分离的方向与剪开线垂直。其操作方法参照[移动]工具。

　　3. **旋转**　以剪开线的端点为中心，指定旋转角度进行纸样剪开。操作方法如图 3-37 所示，指示被剪开的要素[领域上]▽1▽2；指示剪开线▽3；指示移动侧▽4；参照如图 3-38 所示的对话框进行设定，Enter 键确认即可。

　　4. **定量旋转**　以剪开线的端点为中心，指定旋转移动量进行纸样剪开。操作方法如图 3-39 所示。指示被剪开的要素[领域上]▽1▽2；指示剪开线▽3（靠近指示点的端点为回转中心）；指示移动侧▽4；参照如图 3-40 所示的对话框进行设定，Enter 键确认即可。

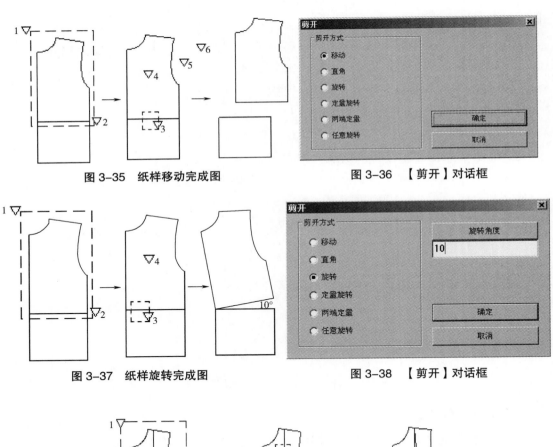

图 3-35　纸样移动完成图　　　　　图 3-36　【剪开】对话框

图 3-37　纸样旋转完成图　　　　　图 3-38　【剪开】对话框

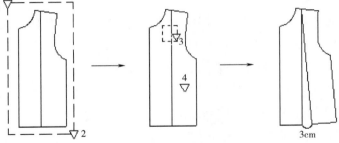

图 3-39　纸样定量旋转完成图

5. **两端定量旋转** 可分别指定剪开线两端的移动量进行纸样剪开。操作方法如图 3-41 所示。指示被剪开的要素[领域上]▽1▽2；指示剪开线▽3；指示移动侧▽4；参照如图 3-42 所示对话框进行设定，Enter键确认即可。

6. **任意旋转** 将纸样根据指定的剪开线和旋转点进行剪开并旋转，该功能可以作省道转移。操作方法如图 3-43 所示。指

图 3-40 【剪开】对话框

示被剪开的要素[领域上]▽1▽2；指示剪开线▽3；指示移动侧▽4；参照如图 3-44 所示对话框进行设定，单击 确定 ；指示旋转前后两点▷◁5▷◁6。

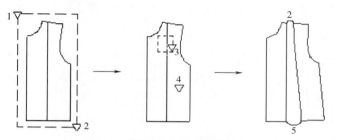

图 3-41 纸样两端旋转完成图

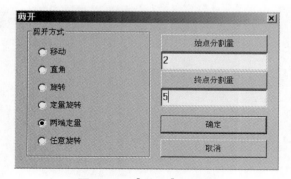

图 3-42 【剪开】对话框

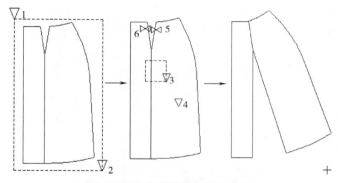

图 3-43 纸样任意旋转完成图

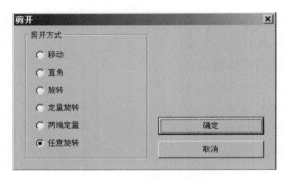

图 3-44　【剪开】对话框

（四）纸样分割工具

按照纸样的分割类型，可以分为等分割和指定分割。以下列举的是【等分割】/【定量旋转】和【指定分割】/【移动】的具体操作方法。

1. **等分割 / 定量旋转**　按设定的分割数等分并旋转展开纸样。选择 ▨ 图标或菜单【纸样】/【分割】，按照如图 3-45 所示对话框进行设定，操作方法如图 3-46 所示。首先指示被分割要素［领域上］▽1▽2，单击右键；再从固定端指示两边［要素］▷◁3▷◁4，即可完成。

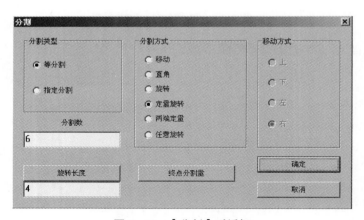

图 3-45　【分割】对话框

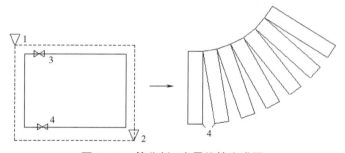

图 3-46　等分割 / 定量旋转完成图

2. 指定分割 / 移动　按指定的分割线、移动量和移动方式展开图形。选择 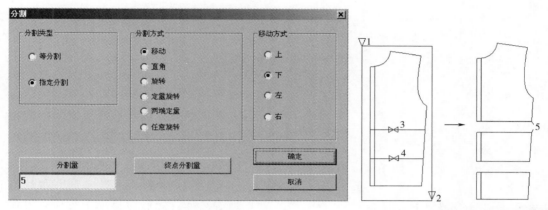 图标或菜单【纸样】/【分割】,按照如图 3-47 所示的对话框进行设定,操作方法如图 3-48 所示。首先指示被分割要素［领域上］▽1▽2,单击右键;再从固定端依次指示分割线［要素］⋈3⋈4,单击右键完成。

图 3-47　【分割】对话框　　　　　　图 3-48　指定分割 / 移动完成图

(五) 布片工具

布片是指按照一定的工艺要求将服装净样板做成毛样板的过程。布片具有缝边、纱向、文字等特性。

1. 布片做成　将整片纸样做成布片。其操作步骤是:框选整片纸样,单击右键,根据工艺要求,在如图 3-49 所示的对话框中进行设定,单击 确定 ,布片即可做成。完成图如图 3-50 所示。

2. 布片取出　将整片纸样或部分纸样做成布片。首先选择要取出的形状［领域上］▽1▽2,单击右键;选择放置位置,单击左键放下纸样,在如图 3-51 所示的对话框

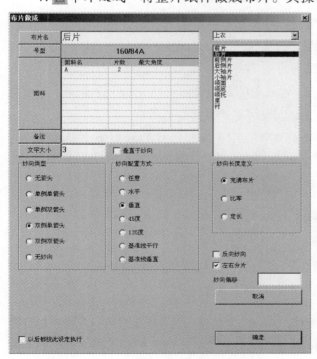

图 3-49　【布片设定做成】对话框

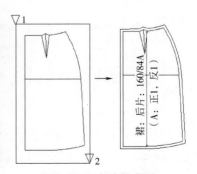

图 3-50　布片做成图

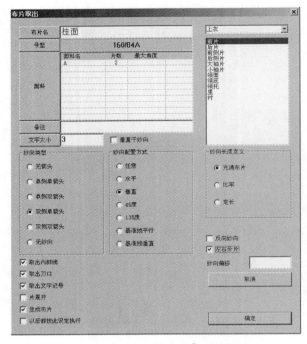

图 3-51　【布片取出】对话框

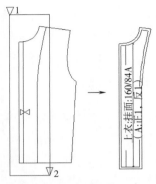

图 3-52　布片取出完成图

中设定参数，然后选择要取出的内部［要素］✕，单击右键即可做成布片，如图 3-52 所示。

3. **布片分割**　是将完整的布片分割成多片，然后自动加上缝份。操作时，选择【布片】/【布片分割】，然后指示布片的分割线，单击右键即可完成。

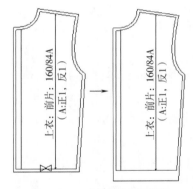

图 3-53　宽度变更完成图

4. **修改布片属性**　用于修改布片的相关属性。如布片名、片数、纱向等参数的修改。操作时，选择【布片】/【修改布片属性】，单击左键选择布片，然后单击右键，在弹出的【修改布片属性】对话框中进行修改即可。

5. 宽度变更　用于修改纸样的缝边宽度。操作方法如图 3-53 所示。首先选择要修改的净样边线［要素］✕，单击右键，输入新的缝边宽度，按 Enter 键确认。该功能操作时按 Shift 键可切换为角变更工具。

6. 角变更　用于修改纸样的缝边角。操作时，首先选择要修改的缝边角的基准线［要素］✕，单击右键，在如图 3-54 所示的对话框中，选择缝边角类型（在此选择反转角），单击 确定 完成。如图 3-55 所示。

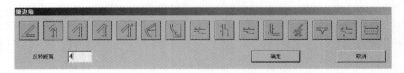

图 3-54　【缝边角】对话框

7. **取净样**　可在布片中提取净样。例如，用数字化仪输入的毛样板，可以利用该工具提取净样板。操作时，先将数字化仪输入的毛样板的缝边宽度改为"0"，然后选择【布片】/【取净样】工具，指示布片 ✋1；指示不取净边要素（若都取净边要素，则单击右键省略该步骤）；指示宽度改变净边［要素］▷◁2；单击右键；再输入缝边宽度"4"，按 Enter 键；单击右键完成。

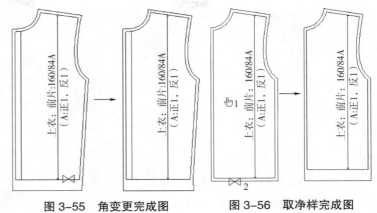

图 3-55　角变更完成图　　图 3-56　取净样完成图

8. 缩水　给布片加缩水。操作时，选择【布片】/【缩水】工具，指示要素（布片），如图 3-57 所示，输入放缩比例，单击 确定 完成。按乘法计算时，当 a>0，布片则放大；当 a<0，布片则缩小。按除法计算时，则相反。【特殊要素放缩】是指单独控制布片某一要素的放缩量。

9. 复原　将布片还原到缩水前的状态。操作时，选择【布片】/【复原】，指示布片，单击右键即可。

四、文字与记号工具

文字与记号标注是服装纸样中不可缺少的重要组成部分。

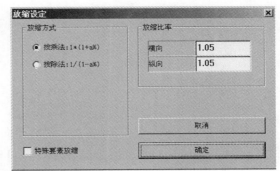

图 3-57　【放缩设定】对话框

（一）文字工具

1. **A** **输入文字**　在纸样中标注文字。操作方法：在如图 3-58 所示输入框中输入文字（字数不得超过 64 个全角字符）或者单击 输入文字 按钮，在文字库中选择文字，按 Enter 键确认后，单击左键指示文字的位置即可。对于同一个文字，可以在多个位置指示。

2. **文字置换**　将旧文字替换成新文字。操作方法：选择菜单【文字及记号】/【文字置换】，先输入旧文字和新文字，按 Enter 键确认即可置换。

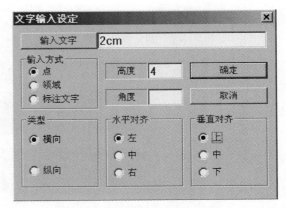

图 3-58　【文字输入设定】对话框

3. **文字库登录**　将常用文字登录到文字库中。操作方法：选择菜单【文字及记号】/【文字库登录】，在如图 3-59 所示的对话框中添加文字库内容或者新建文字库的类别名称，

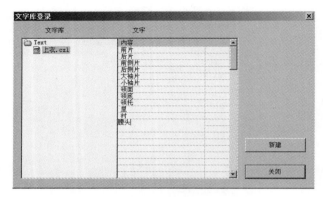

图 3-59 【文字库登录】对话框

单击 关闭 执行。

4. **文字表输入** 将纸样中的一组文字一次性输入。操作方法：选择菜单【文字及记号】/【文字表输入】，在如图 3-60 所示的对话框中输入文字，指示位置即可。其中，文字的表示方式有两种：选择按高度时，需输入字的高度与行间隔；选择按领域时，可根据框选领域确定文字表大小。在文字中输入如"裙长：&"，对应在部分文字中输入"60"；单击 确定 。文字表可连续指示若干次。文字最多可一次输入 15 行，每行不超过 30 个半角字符。

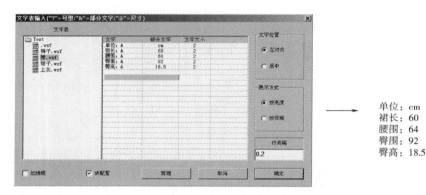

单位：cm
裙长：60
腰围：64
臀围：92
臀高：18.5

图 3-60 【文字表输入】对话框

（二）记号工具

记号工具主要包括服装纸样中常用的标注符号，如纽扣、扣眼、归、拔、刀口、剪口等。

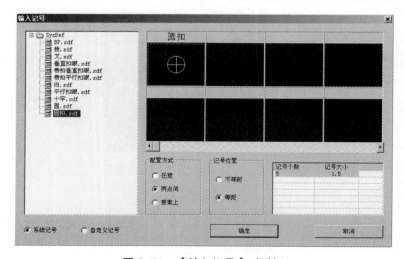

图 3-61 【输入记号】对话框

1. ⊛ **输入记号** 在系统记号库中，选择需要的记号。以下是等距圆扣和等距扣眼的操作方法。

（1）等距圆扣：操作时，首先选择 ⊛ ，按照如图 3-61 所示对话框进行设置。分别指示第一粒圆扣⋈1 和最后一粒圆扣⋈2 的位置，即可完成。如图 3-62 所示。

（2）等距扣眼：操作时，首先选择 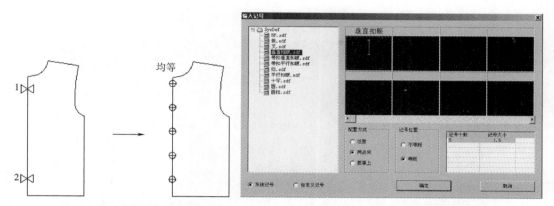，按照如图 3-63 所示对话框进行设置。分别指示第一粒扣眼▷◁1 和最后一粒扣眼▷◁2 的位置，然后指示方向点［任意点］▽3，即可完成。如图 3-64 所示。

图 3-62　等距圆扣完成图　　　　　　图 3-63　【输入记号】对话框

垂直扣眼，在要素的垂直方向上标记，而平行扣眼则在要素的同方向上标记。

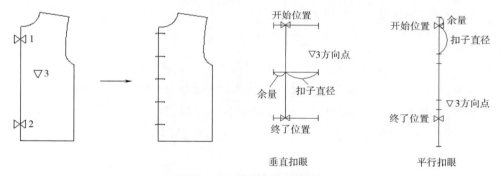

图 3-64　等距扣眼完成图

（3）褶线：绘制抽褶标注。操作方法：选择菜单【作图】/【褶线】，首先指示褶线的基准点［任意点］▽1 2▽3；输入褶线的高度"1"，Enter键确认，如图 3-65 所示。褶线将在所给的三点位置表示出来，褶线的高度即◎的长度，也就是曲线的波峰至波谷的垂直距离。

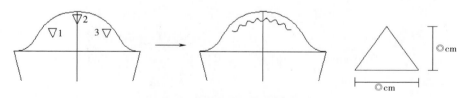

图 3-65　褶线绘制完成图

（4）活褶：绘制两要素间的斜线。操作方法：选择菜单【纸样】/【活褶】，首先输入褶的长度和斜线的间隔，Enter键确认，再指示夹斜线的两要素，斜线将从先指示的要素端点引出。

2. **刀口工具**　刀口工具均可在菜单【纸样】中选择。

（1）▨要素刀口：在纸样中标注一个或多个刀口。操作步骤：选择菜单【纸样】/【要素刀口】，首先指示作对刀的［要素］（从开始点指示）⋈1，指示出头的方向▽2，按右键；在如图 3-66 所示的【刀口设定】对话框中，输入所需参数，单击 确定 ，完成图如图 3-67 所示。

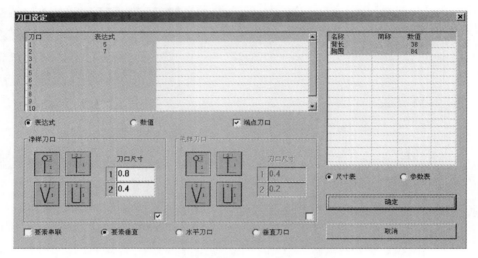

图 3-66　【刀口设定】对话框

其中，在【刀口设定】对话框中，【表达式】是指通过公式计算刀口距离始点的位置；【要素串联】是指将所选要素长度相加计算刀口距离；【要素垂直】是指做出与要素成垂直角度的刀口；【水平刀口】是指做出 X 轴方向的刀口；【垂直刀口】是指做出 Y 轴方向的刀口。

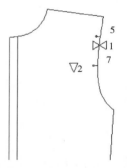

图 3-67　要素刀口绘制完成图

（2）袖对刀：绘制袖山与袖窿的联动对刀。操作时指示前袖窿（从始点侧开始）［要素］⋈1，单击右键；指示前袖山（从始点侧开始）［要素］⋈2，单击右键；指示后袖窿（从始点侧开始）［要素］⋈3，单击右键；指示后袖山（从始点侧开始）［要素］⋈4，单击右键结束，在如图 3-68 所示的对话框中设定袖对刀，单击【再计算】，单击 确定 ，即可在袖山与袖窿处同时作出对刀，如图 3-69 所示。

（3）刀口修正：修正对刀的位置。操作方法：指示要素，指示修正的对刀，单击右键，指示圆头的方向，在弹出的对话框中修改刀口的位置，单击 确定 即可。

3. 剪口工具

（1）剪口：在缝边转角处加入剪口记号。操作方法：选择菜单【纸样】/【剪口】，弹出如图 3-70 所示的【剪口】的对话框，设定剪口类型与尺寸，单击 确定 ，然后按照图 3-71 所示，指示构成角的基准线［要素］⋈1⋈2⋈3⋈4，剪口作成。

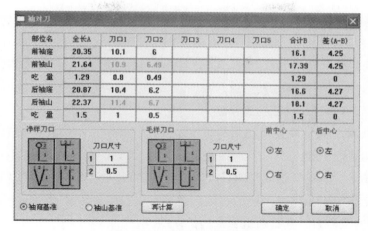

图 3-68　【袖对刀】对话框

部位名	全长A	刀口1	刀口2	刀口3	刀口4	刀口5	合计B	差(A-B)
前袖窿	20.35	10.1	6				16.1	4.25
前袖山	21.64	10.9	6.49				17.39	4.25
吃量	1.29	0.8	0.49				1.29	0
后袖窿	20.87	10.4	6.2				16.6	4.27
后袖山	22.37	11.4	6.7				18.1	4.27
吃量	1.5	1	0.5				1.5	0

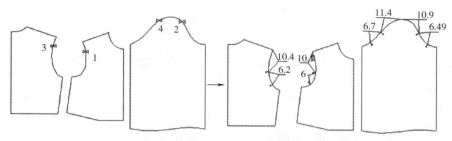

图 3-69　袖对刀绘制完成图

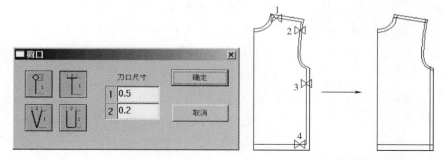

图 3-70　【剪口】对话框　　　　图 3-71　剪口完成图

（2）要素剪口：由内部线向缝边加剪口。操作方法：选择菜单【纸样】/【要素剪口】，指示内部［要素］⋈1，单击右键，再指示净边线［要素］⋈2，然后在如图 3-72 所示对话框中选择剪口类型，单击　确定　即可。

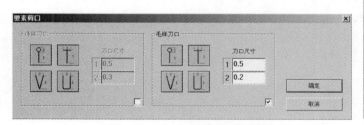

图 3-72　【要素剪口】对话框

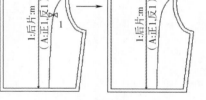

图 3-73　要素剪口完成图

五、检查工具

该部分主要包括纸样的测量工具。以下工具均可在【检查】菜单下选择。

1. **两点距离** 测量两端点距离。操作步骤是指示两端点即可测量出两点间的水平距离、垂直距离、直线距离和线上距离。

2. **两直线夹角** 测量两直线之间的角度。操作步骤是指示构成角的两条直线，即可测出。角度不能超过 180°。

3. **要素长度差** 测量两组要素的长度以及它们之间的差值。操作时，如图 3-74 所示，指示第一组［要素］⋈1⋈2；单击右键，再指示第二组［要素］⋈3⋈4；单击右键，弹出如图 3-75 的数值表，查看两组要素的长度差。

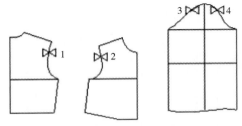

图 3-74 要素长度差的操作示意图

号型名	要素1	要素2	长度差
150/76	38.573	41.466	2.893
155/80	39.881	42.793	2.912
160/84	41.189	44.122	2.933
165/88	42.501	45.455	2.954
170/92	43.817	46.792	2.976

图 3-75 要素长度差数值表

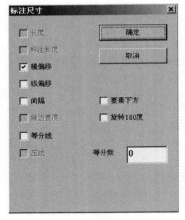

图 3-76 【标注尺寸】对话框

4. **两点间标注** 可在两点间进行尺寸标注。操作时，指示两点［端点］⋈1⋈2，按照如图 3-76 所示的对话框进行设置，单击 确定 ，然后输入标注文字，若单击右键，则表示的是横偏移的实际尺寸；若输入其他数字，则会显示此数字。如图 3-77 所示。

5. **标示尺寸** 将要素的各部位尺寸标注出来。操作方法：指示标注要素［领域上］▽1▽2；单击右键，选择如图 3-78 所示中的选项，单击 确定 即可。完成图如图 3-79 所示。

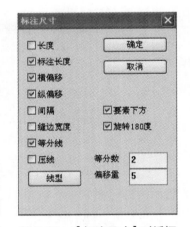

图 3-78 【标注尺寸】对话框

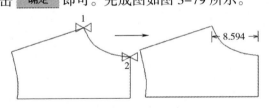

图 3-77 两点间标注完成图

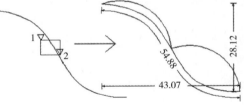

图 3-79 标示尺寸完成图

六、画面显示工具

1. **画面放大**　将指定的领域放大显示。操作时选取放大区域的对角两点即可。

2. **画面缩小**　将整个画面缩小 1/2 显示。操作时选择该工具，整个画面将以中心为基准，所有图形缩小 1/2。也可以使用鼠标滚轮放大和缩小画面。

3. **前画面**　选择该工具，将回到前一个画面状态。该功能应用于放大或缩小之后的两个画面之间的切换。

4. **全表示**　将图形全部显示于工作区域。该功能可用于查看某一号型层已完成的所有图形。

5. **刷新**　该工具既可取消要素或图形的选中状态，也可清除画面中某些参考信息。

七、纸样综合设计与应用

（一）纸样的变化设计

纸样的变化设计是服装结构设计的重要内容之一。而省道、褶、裥、分割线、塔克等都是纸样变化设计中常用的手段与形式，它们之间既可以相互配合使用又可以相互转化，从而生成更加丰富生动的服装样式。在纸样变化设计过程中，由于传统手工操作较为繁琐且难以实现，而借助服装 CAD 系统中的专业工具来操作，则非常直观便捷。

1. **省道转移与设计**　省道是服装结构设计中最富有变化和创造力的一种造型手段。省道设置的目的是为了更加符合人体，因此，省道的位置是可以根据服装款式设计与造型变化的具体要求而变化的，不是一成不变的，并且可以按照一定的原则，利用一定的技术与手段将基本的省道移动到其他的部位，以形成新的服装样式，通常把以上的操作称之为省道的转移。例如，可将文化式女装衣身原型前身片中的胸省，以乳点（BP 点）为中心，将其转移至领窝、肩部、袖窿与侧缝等位置，而根据不同的部位，从而形成了领省、肩省、袖窿省与侧缝省等。

（1）省道的一次性完全转移：如图 3-80 所示，将袖窿省全部转移至肩部。

① 首先双击桌面 图标，单击 图标，进入系统管理界面，在原型库中选择【成人女子原型基础图】，然后在工作区内双击鼠标左键，即可将原型调入打板界面。原型如图3-81 所示。

② 绘制肩部省线。选择 ，如图 3-82 所示，靠近

图 3-80　带肩省的款式图

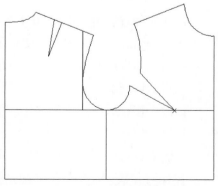

图 3-81　成人女子原型基础图

BP 点要素指示［要素］⋈1；然后选择［中心点］模式（或按 F3 切换），再指示肩线［要素］⋈2，单击右键，肩部省线作成。

③转移省道。选择菜单【纸样】/【指定移省】，操作方法如下：

a. 指示移动的要素［领域上］▽1▽2，单击右键。

b. 指示移动的基准线［要素］⋈3。

c. 分别指示移动侧和固定侧省线［要素］⋈4⋈5。

d. 指示断开线［要素］⋈7。

e. 指示切开线（从基准线侧）［要素］⋈6，单击右键结束。

④作省折线，操作方法如下：

a. 选择菜单【纸样】/【省折线】，为肩省做出省折山线。

b. 选择【要素端移动】，将三条省线调整至距离省尖 7cm 处即可，如图 3-82 所示。

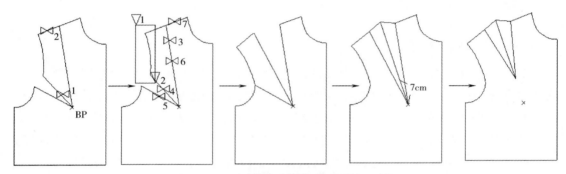

图 3-82　将袖窿省全部转为肩省的完成图

（2）省道的多次分散转移：如图 3-83 所示，将肩省分散转移至前中心处。

①做出省线。首先选择【水平线】工具，在前中心线处做出省线。

②转移省道。选择菜单【纸样】/【按比率移省】，操作方法如下：

a. 指示移动要素［领域上］▽1▽2，单击右键。

b. 自左往右指示省线［要素］⋈3⋈4。

c. 输入移省后所占比例 "0"（将省道完全合并），单击 Enter 键。

d. 单击 Shift 指示切开线［要素］⋈5。

e. 输入移省后所占比例 "1"，单击 Enter 键。

f. 指示切开线［要素］⋈6。

g. 输入移省后所占比例 "1"，单击 Enter 键。

h. 指示切开线［要素］⋈7。

图 3-83　前中有褶裥款式图

i. 输入移省后所占比例 "1"，单击 Enter 键，单击右键完成。

操作时，输入比例数值必须是整数，且省道与切开线的夹角应小于 180°。

③修正纸样，加入褶线符号：

a. 选择 ，将前中心处省线去除。

b. 选择 ⊙，将前中心处的多段直线拼合为曲线。

c. 选择【作图】/【褶线】，在前中心处加入褶线符号，如图 3-84 所示。

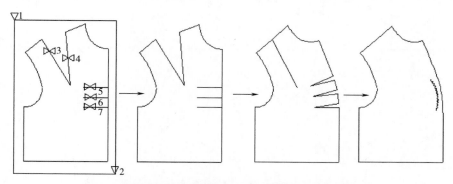

图 3-84　将肩省分散转至前中并形成抽褶的纸样完成图

（3）省道的不对称转移设计：如图 3-85 所示，在前身进行不对称的省道设计。

①准备衣身原型前片。选择 ▥，以前中心线为对称轴进行反转复制。

②绘制造型线：

a. 选择 ⌒，自肩线中点处至 BP 点结束。

b. 选择 ⌒，调整曲线。

③转移省道：首先，选择菜单【纸样】/【剪开】/【任意旋转】，将右侧缝省道转移至，肩部造型线处，其操作方法如下：

图 3-85　不对称省道设计款式图

a. 包围被剪开的要素：［领域上］▽1▽2▽3▽4。

b. 指示剪开线［要素］：⋈5（需靠近 BP 点一端指示线条）。

c. 指示移动侧：▽6。

d. 指示其他的两点：⋈7⋈8。

其次，同理绘制第二条造型线，并将原左侧缝省道转移至造型线处。

最后修正纸样，加入褶线，如图 3-86 所示。

（4）省道转移形成分割线：如图 3-87 所示，在前身进行公主线的设计。

①调入原型，根据省分割原理绘制胸省。

②在袖窿处绘制省线，将部分胸省转移至袖窿处，并使腰围线保持水平。

a. 选择 ⌒，自袖窿至 BP 点画线。

b. 选择菜单【纸样】/【剪开】/【任意旋转】，将部分胸省转移至袖窿处。

③绘制新省尖：

a. 选择【修正】/【端点移动】，将腰省省尖向下移动 4cm，输入 "y-4"，按 Enter 键。

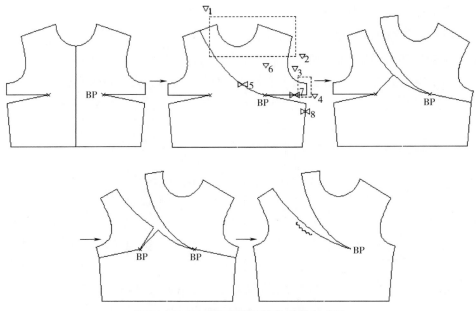

图 3-86　不对称省道设计的纸样完成图

b. 选择【作图】/【角平分线】，作出袖窿省的角平分线。

c. 选择 ⊥，将省尖沿角平分线移动到离 BP 点 3cm 处。

④连接两个省道的省线，修正纸样。

a. 选择 ◎，将省线两两拼合。

b. 选择 ∠，分别调整两条曲线，即可完成公主线的绘制，如图 3-88 所示。

2. **纸样中加入褶裥的设计**　褶裥也是服装结构设计中常用的造型手段。不同方向与不同大小的褶裥会大大增强服装的变化感和肌理感，使服装设计更加丰富生动。在进行服装结构变化设计时，通常是利用各种服装品类的基本形态（简称原型或基型），通过纸样剪切拉展的方法，在原型的不同部位加入不同方向与大小的褶裥或直接将原型中的基本省量转移后，变化为褶裥的处理形式。

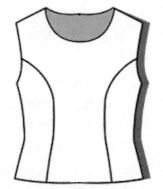

图 3-87　公主线设计款式图

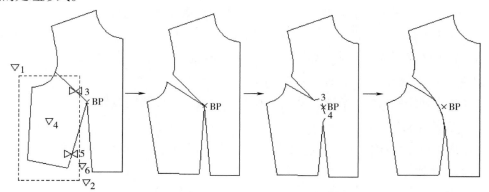

图 3-88　公主线设计的纸样完成图

（1）在裙装中加入褶裥的设计：该款式是在裙身中加入斜向分割线，同时在裙摆处加入褶量，使之形成裙身较为合体而裙摆自然张开的鱼尾裙的样式，如图 3-89 所示。

①打开裙原型纸样文件。

②选择 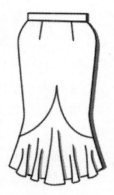，绘制裙分割线。

③选择菜单【纸样】/【剪开】中的 ⊙移动 ，将裙摆展开部分从纸样中分离。

④选择菜单【纸样】/【分割】，弹出如图 3-90 所示的对话框并进行设置，操作方法如下：

a. 指示被分割的要素［领域上］▽1▽2，单击右键。

图 3-89　鱼尾裙
款式图

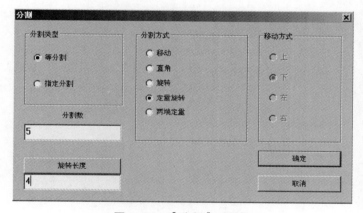

图 3-90　【分割】对话框

b. 分别指示中心侧和断开侧的两要素［要素］▷◁3 ▷◁4（中心侧是指纸样展开的固定侧，断开侧是指加入褶量的一侧）。

⑤选择 ✖，将分割线删除。

⑥选择 ◎，分别将上下两段线拼合成圆顺的曲线，如图 3-91 所示。

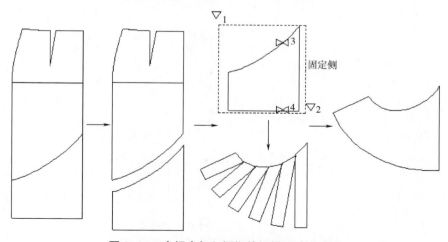

图 3-91　在裙中加入褶裥的纸样设计完成图

（2）在衣袖中加入褶量的设计：该款式是在一片合体袖的基础上做成的。此款袖是采用在后袖肘部位结合袖肘省道设计分割线，并在袖身中加入褶量设计，形成羊腿袖的造型，如图 3-92 所示。

①调入一片合体袖的纸样文件。

②在右键快捷菜单中，选择【垂直线】，绘制袖分割线和切开线。

③选择菜单【纸样】/【分割】，在如图 3-93 所示的纸样分割设定对话框中进行设定，操作方法如下：

图 3-92　羊腿袖款式图

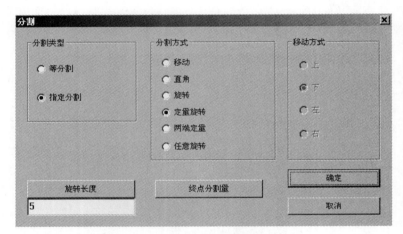

图 3-93　【分割】对话框

a. 指示被分割的要素［领域内］▽1、▽2，单击右键。

b. 指示分割线（从指示侧开始）：［要素］⋈3⋈4⋈5。

④选择 ⊙，指示要素［要素］⋈6、⋈7 将其拼合为一条曲线，然后再指示要素［要素］⋈8、⋈9、⋈10 也将其拼合为一条曲线。

⑤选择 ±，指示要素移动端［要素］⋈11；指示新［端点］⋈12，如图 3-94 所示。

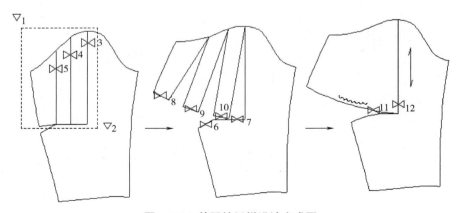

图 3-94　羊腿袖纸样设计完成图

（二）纸样设计综合实例

在运用 NACPRO 服装 CAD 系统进行整体纸样设计之前，通常要进行系统参数设置，如单位、精度以及面料的设定等，然后进入打板模块进行纸样设计。下面以两款具有代表性和典型性的女式衬衫和西装为例，较为详尽地讲述了其操作步骤、应用技巧以及操作时所需注意的问题。其中介绍了数值法和尺寸表法两种打板方法，数值打板法需要再放码操作，而尺寸表法则实现自动放码。

1. 合体女衬衫纸样设计实例　款式与结构设计分析：该款衬衫为了塑造更加合体的造型，在后衣身中设置了菱形省道，将前衣身中的腋下省完全转移至袖窿处，底摆为起翘造型，衣袖为带克夫的一片袖，翻立领样式。结构设计中采用原型纸样设计方法，首先将前片原型中的胸省部分转移至腋下，从而使前后衣身达到结构平衡，然后再将腋下省转移至袖窿处；加大前、后领宽与前领深，去除后肩省并使肩端缩进并抬高，使得肩部有一定的松量。如图 3-95 所示。

图 3-95　合体女衬衫款式图

女衬衫各部位规格见表 3-5。

表 3-5　女衬衫各部位规格　　　　　　　　　　　　单位：cm

尺寸　号型＼部位	衣长（L）	胸围（B）	肩宽（S）	腰围（W）	袖长（SL）	袖口
160/84A	58	94	38	78	54	12

（1）系统参数的设定：双击 图标，进入系统主画面，选择 ，如图 3-96 所示进行系统参数设置。

图 3-96　【系统参数设置】对话框

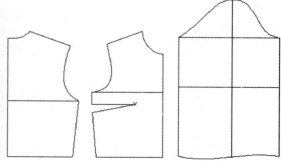

图 3-97　带省道的原型

（2）打开准备好的原型文件。

（3）在系统主画面中，选择 进入打板系统界面，选择 ，打开准备好的原型文件，如图 3-97 所示，界面左下角选择 数值 ，开始纸样设计。

（4）绘制衣长线和门襟止口线：

①选择 ![icon]，输入"20"，按Enter键，指示腰节线为被平行要素［要素］⋈1，即可绘出衣长线，然后输入"2"，按Enter键，指示前中心线为被平行要素［要素］⋈2，绘出门襟止口线。

②选择 ![icon]，指示构成角的两要素［领域上］▽1、▽2 和［领域上］▽3、▽4，将中线与下摆角连接；同理指示两要素［领域上］▽5、▽6 和［领域上］▽7、▽8，将止口线与下摆角连接，如图 3-98 所示。

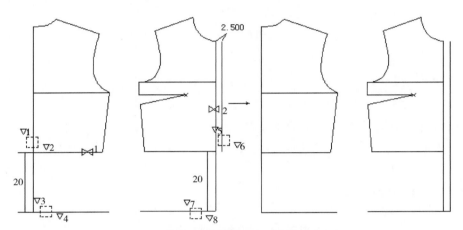

图 3-98　衣长线和门襟止口线绘制完成图

（5）绘制侧缝辅助线：

①右键快捷菜单选择【垂直线】,指示线的起点［端点］⋈1、⋈2 和［端点］⋈3、⋈4。

②选择 ![icon]，指示构成角的两要素［领域上］▽5、▽6 和［领域上］▽7、▽8，修正侧缝线与下摆线角。

③选择 ![icon]，去除原型侧缝线。

④选择 ![icon]，修正腰节线的长度，并将其延长至侧缝线，如图 3-99 所示。

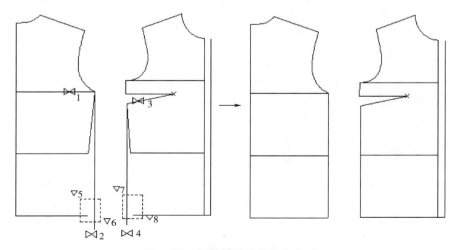

图 3-99　侧缝辅助线绘制完成图

（6）绘制领窝线（以后领窝线为例）：

①选择 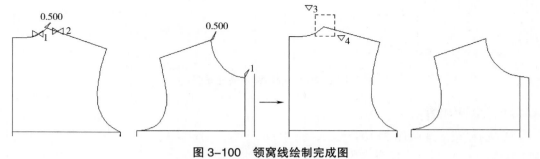，将原型后领窝的颈侧点移动至新位置。操作步骤如下：

a. 指示要素移动端［要素］▷◁1，单击右键。

b. 指示新端点［端点］输入 "0.5"，按 Enter 键，在肩线上颈肩点侧指示［要素］▷◁2。

②选择，修正领窝曲线至圆顺。

③选择，指示构成角的两要素［领域上］▽3▽4，连接领窝线与肩线，如图 3-100 所示。

同理绘制出前领窝线。

图 3-100　领窝线绘制完成图

（7）绘制肩线：

①选择，将袖窿线的上端在肩线上向内侧移动 1cm。操作方法如下：

a. 在原型袖窿线上指示肩端点为要素的移动端 ▷◁1，单击右键。

b. 指示新端点［端点］输入 "1"，单击 Enter 键，在肩线上肩端点侧指示要素 ▷◁2。

②选择，选择 ⦿延长，并在指示端输入框输入 "0.7"，指示调整端 ▷◁3，使袖窿线的上端伸长 0.7 cm，作为肩部的松量。

③选择，将原型肩端移动至新肩端点处，根据图 3-101 分别指示移动端 ▷◁4 和新端点 ▷◁5。

同理绘制出前肩线。前肩端也是抬高 0.7cm，并调整为和后肩线等长。

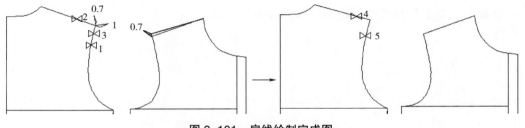

图 3-101　肩线绘制完成图

（8）调整袖窿深：

①选择，加大袖窿深。操作方法如下：

a. 在原型袖窿线上指示袖窿深点为要素的移动端 ▷◁1，单击右键。

b. 指示新端点［端点］输入 "0.5"，按 Enter 键，在侧缝线上靠近袖窿深点处指示 ⋈2。

②选择 ，连接袖窿曲线和侧缝线角。前袖窿深的调整方法与之相同，如图 3–102 所示。

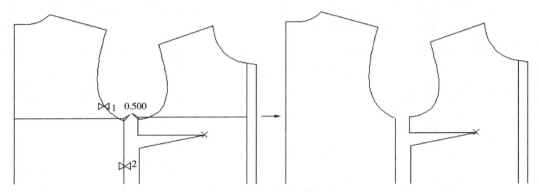

图 3–102　袖窿深调整完成图

（9）绘制侧缝线：

①选择 ，按照图 3–103 所示，指示点列［端点］⋈1；改为［任意点］▽2；改为［端点］输入 "2"，单击 Enter 键，指示腰节线［要素］⋈3；改为［任意点］▽4；改为［端点］输入 "–1"，单击 Enter 键，指示底摆线［要素］⋈5，作成侧缝线。

②选择 ，修正侧缝线。

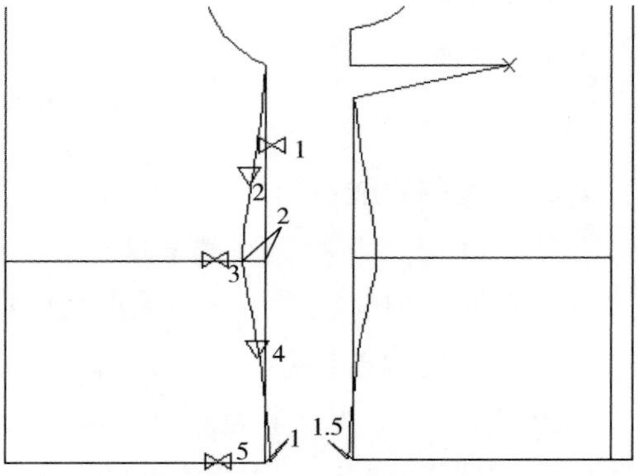

（10）绘制衣片底摆线：

①选择 ，如图 3–104 所示，指示要变

图 3–103　侧缝线绘制完成图

形线的［端点］⋈1；指示变形位置［任意点］：▽2；指示移动之后的点：输入 "1.5"，按 Enter 键，指示侧缝线［要素］⋈3，即可完成下摆起翘。

②选择 ⋈，修正底摆与侧缝的连接角。

③前片底摆起翘量要根据实测后片侧缝的尺寸来定。

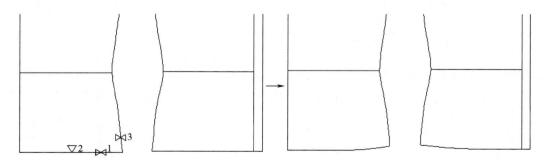

图 3–104　底摆线绘制完成图

（11）绘制后片衣身菱形省道：

①右键快捷菜单选择【垂直线】，绘制至袖窿深线，然后选择 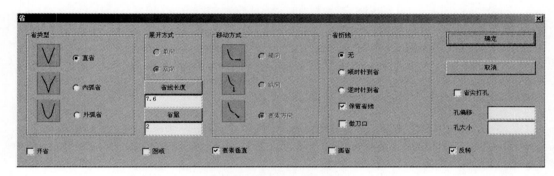，将上端缩短 2cm，省道中线作成。

②选择 ，如图 3-105 所示进行省道设定，指示省尖［端点］⋈1，单击右键，省道作成。

③选择【修改】/【端点移动】，调整菱形省下端省尖的长度。操作方法如下：

a. 指示移动要素端点，靠近省尖端指示［领域上］▽2▽3；

b. 指示移动前的省端点［端点］⋈4，输入"y5"，单击 Enter 键，即可完成省道长度的调整，如图 3-106 所示。

前片菱形省同理绘制。

图 3-105　【省】对话框

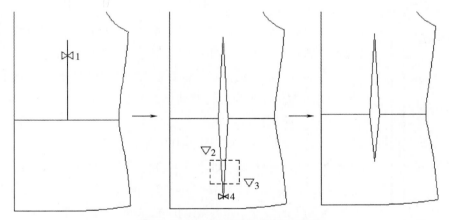

图 3-106　后片菱形省绘制完成图

（12）将前片腋下省转移至袖窿处：

①选择 ，指示点列［端点］⋈1，输入"13"，单击 Enter 键，在袖窿线上靠近肩端处指示⋈2，袖窿省线作成。

②选择菜单【纸样】/【指定移省】，进行省道转移。操作方法如下：

a. 指示移动的要素［领域上］▽1▽2，单击右键。

b. 指示移动基准要素［要素］⋈3。

c. 分别指示移动侧省线和固定侧省线［要素］⋈4⋈5。

d. 指示断开线［要素］⋈6。

e. 指示切开线［要素］⋈7，单击右键结束。

③选择 ▣，刷新画面。

④选择菜单【纸样】/【省折线】，分别指示上下端省线，即可做成胸省省折线。

⑤选择 ▣，将省道长度缩短 4cm，如图 3-107 所示。

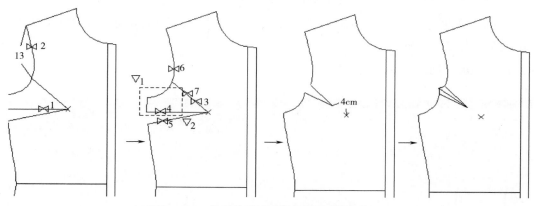

图 3-107　将前片腋下省转移至袖窿的完成图

（13）绘制连贴边：

图 3-108　连贴边的绘制完成图

①选择 ▨，输入"4"，按 Enter 键，按住 Ctrl 键指示门襟止口线，即可绘制出贴边线。

②选择 ▨，将贴边线与领窝线交点位置以及贴边线与下摆线交点位置进行切断，为下一步复制连贴边做好准备。

③选择 ▨，选择贴边轮廓线（图中加粗部分）作为图形要素，指示前门襟止口线为反转基准点，连贴边完成，如图 3-108 所示。

（14）绘制扣位：

①选择 ◉，按照如图 3-109 所示进行参数设定。

②指示第一粒圆扣的点列［端点］输入"4"，按 Enter 键，指示［端点］⋈1，输入"11"，按 Enter 键，再指示［端点］⋈2，以确定首尾两粒扣子的位置，即可做出扣位，如图 3-110 所示。

（15）绘制袖子辅助线：绘制袖子前，可选择 ◎，对前后袖窿进行拼合后再修改和检查，然后选择 ▨，分别测量出前、后袖窿曲线的长度，为绘制袖子做准备。此外，还可选择【曲线】/【角拼合修改】，进行前后袖窿定拼合后再修正的操作。

①选择 ▭，输入"x35y-48"，按 Enter 键。其中 x 为任意值，y 为袖长 - 袖克夫宽。

②选择 ▨，指示上平线为被平行要素［要素］⋈1，输入"13"（袖山高 =AH/4+2.5），按 Enter 键，做成袖肥线。

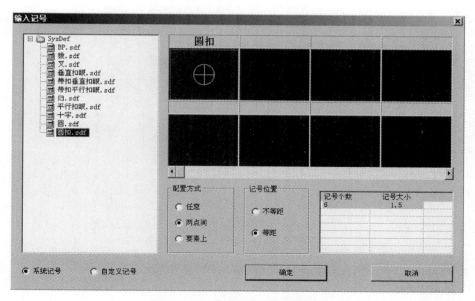

图 3-109　【输入记号】对话框

③在右键快捷菜单中,选择【垂直线】,将[端点]改为[中心点],指示上平线[要素]⋈2,再指示下平线[要素]⋈3,袖中线做成。

④选择 ◣ ,操作方法如下:

a. 指示长度线的起点[端点]⋈4。

b. 指示基准要素[要素]⋈5。

c. 输入线的长度"22.5",按 Enter 键,前袖山基础线做成,同理做出后袖山基础线。

⑤选择 ✖ ,去除多余线条。

⑥选择 ⌐ ,修正前、后袖山基础线与袖肥线的连接角。

⑦选择 ⊬ ,将袖口线与袖中线的交点位置切断。

⑧选择 ⌐ ,指示点列[端点]⋈6,然后输入"12",按 Enter 键,再指示另一点[端点]⋈7,单击右键,从而连接袖肥点与袖口,做成前后袖底缝基础线,完成袖子辅助线的绘制,如图 3-111 所示。

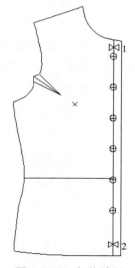

图 3-110　扣位绘制完成图

(16)绘制袖山曲线与袖底缝线:

①选择 ◣ ,绘制袖山弧线高的基础线。操作方法:

a. 指示基准要素[要素]⋈1。

b. 输入垂线的长度"1.8",按 Enter 键。

c. 指示通过点[比率点]输入"0.25",按 Enter 键,再指示前袖山基础线 ⋈2。

d. 指示垂线的延伸方向[任意点]▽3。

其他袖山弧线高的基础线可按照如图 3-112 所示的尺寸同理做出。

②选择 ⌐ ,选择[端点],指示各关键点,做成前袖山曲线。

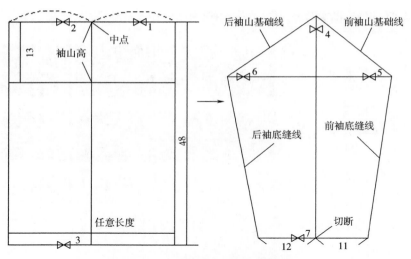

图 3-111　袖片辅助线绘制完成图

③选择 🖉，将前袖山曲线调整圆顺。

同理做出前后袖底缝线。

（17）绘制袖口宝剑头与袖克夫：

①在右键快捷菜单中，选择【垂直线】，输入 "6.5"，按 Enter 键，在袖口线上指示垂直线始点 ▷◁，然后输入 "10"，按 Enter 键，确定终点，袖口宝剑头左侧直线做成。

②选择 ⬚，做出宝剑头的右侧直线。

③在右键快捷菜单中，选择【水平线】，连接宝剑头的左、右侧直线。

④在右键快捷菜单中，选择【折线】，按照图 3-113 所示绘制出宝剑头的上端部分。

⑤选择 🔲，输入 "x25y-6"，按 Enter 键，绘出袖克夫的框架线。其中 x 为袖口＋克夫搭门宽，y 为克夫宽。

⑥选择 ⬚，绘出袖克夫的搭门线。

⑦选择 🖉，修正上下两端。

⑧选择 ⊕，绘制袖克夫的扣位，如图 3-114 所示。

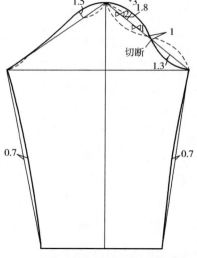

图 3-112　袖山与袖底缝线绘制完成图

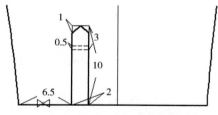

图 3-113　袖口宝剑头的绘制完成图

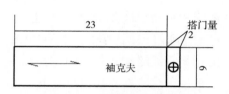

图 3-114　袖克夫绘制完成图

（18）绘制立领：

①首先选择 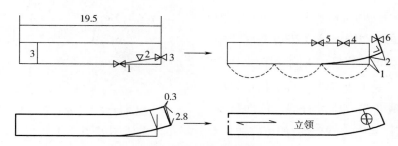，分别测量出前后领窝曲线的长度，为绘制领子做准备。

②选择 ▢，输入"x19.5y-3"，按 Enter 键，绘出立领框架线。

③选择 ⌒，选择［比率点］输入"0.33"，按 Enter 键，第一点指示领下口线右侧［端点］▷◁1，第二点将点模式改为［任意点］▽2，第三点将点模式改为［端点］输入"1"，按 Enter 键后，再指示［端点］▷◁3。

④选择 ↘，在设定框中选择 ⊙延长，并在指示端输入框中，输入"2"，按 Enter 键确认，即可在领下口线右端延长出搭门量。

⑤选择 ∢，绘制领下口线的垂线，长度为 2.8cm，绘出领止口线。

⑥选择 ♫，将立领框架线上平线变为领上口线，操作方法：

a. 指示要变形线的端点［端点］▷◁4。

b. 指示变形位置［比率点］0.33，按 Enter 键，指示上平线［要素］▷◁5。

c. 指示领止口线［要素］▷◁6，即可完成领上口线的绘制。

⑦选择 ↘，在设定框中选择 ⊙延长，并在指示端输入框中，输入"-0.3"，按 Enter 键，即可做出止口线的缩进。

⑧选择 ❀，绘制立领的扣位。

⑨选择【修改】/【圆角】，做成立领圆角，如图 3-115 所示。

图 3-115　立领绘制完成图

（19）绘制翻领：

①首先在立领的上方根据图 3-116（a）所示尺寸，绘制翻领基本框架线。该操作所涉及的工具大致包括【垂直线】、【水平线】、【连接角】和【修改要素】等，可根据各自的作图习惯进行绘制。

②选择 ⌒，先输入"4"，按 Enter 键，然后在后领中线上端指示点［端点］▷◁1，中间可设置 1~2 个点列，再指示点［端点］▷◁2。

③选择 ⌒，调整该条曲线至圆顺。

④选择 ♫，操作方法：

a. 指示要变形线的端点［端点］▷◁3。

b. 指示变形位置点，指示上平线［任意点］▽4。

c. 指示移动之后的点［端点］▷◁5，即可完成翻领外口线的绘制，如图 3-116（b）所示。

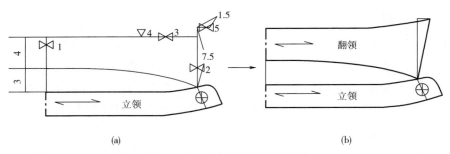

图 3-116　翻领绘制完成图

（20）将草图做成布片：

①选择 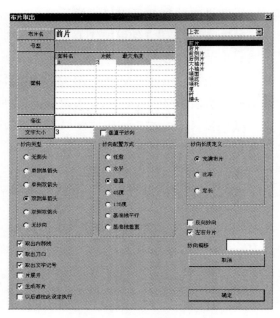，按顺时针选择前片纸样轮廓线，单击右键，指示布片放置位置，如图 3-117 所示进行设定，单击 **确定** ，然后选择内部需要取出的要素，单击右键结束。其他衣片同理做成布片。若需要连裁展开的纸样，则在布片属性对话框中，选择 ☑片展开，操作【布片取出】中【指示展开基准要素】这一步骤时，指示连裁线即可展开布片。

②修改缝边宽度和缝边角：选择 ，指示净边线，单击右键，输入缝边宽度，按 Enter 键确认即可。然后按下 Shift 键，切换为【角变更】工具（或者选择 ）指示要修改缝边角的基准线，单击右键，选择需要的缝边角类型，单击 **确定** ，即可完成。女衬衫布片做成图如图 3-118 所示。

图 3-117　【布片取出】对话框

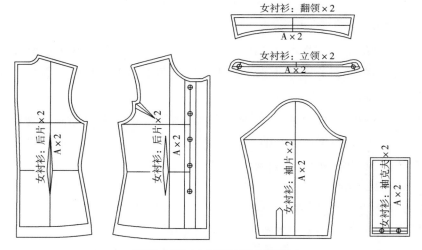

图 3-118　女衬衫布片完成图

2. 四开身女西装纸样设计　款式与结构设计分析：该款西装采用公主线设计，门襟形式为单排扣，平驳领型，有袖开衩的两片袖。结构设计中采用比例法进行纸样设计。如图 3-119 所示。

女西装成品规格见表 3-6。

（1）新建纸样文件，建立尺寸表：双击 图标，进入系统主画面，选择 ，进入打板界面，选择 ，弹出尺寸表对话框，参照

图 3-119　女西装款式图

表 3-6 建立尺寸表。操作时，如图 3-120 所示，首先在行中单击右键，选择 追加多层 ，可以一次追加 5 个号型层，输入规格号型，再设置基础层，并且选中上方复选框；然

表 3-6　女西装成品规格　　　　　　　　　　　　　　　　单位：cm

部位　尺寸　号型	155/80	160/84	165/88	170/92	175/96
衣长（L）	60	62	64	66	68
背长（BL）	37	38	39	40	41
胸围（B）	90	94	98	102	106
腰围（W）	74	78	82	86	90
臀围（H）	95	99	103	107	111
肩宽（S）	37	38	39	40	41
领围（N）	36	37	38	39	40
袖长（SL）	53	54.5	56	57.5	59
袖口宽	13	13.5	14	14.5	15

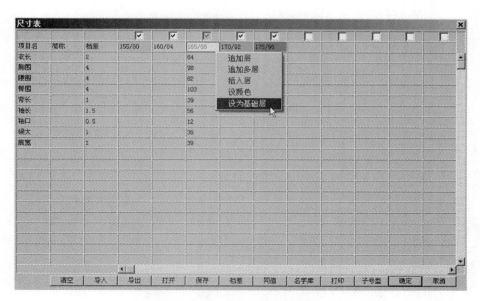

图 3-120　【尺寸表】对话框

后选择 名字库 ，弹出如图 3–121 所示的部位名称对话框，选择 全选 和 应用 ，则将部位名称添加到项目名称处，若需要插入或删除操作，可以在项目名处，单击右键，选择 插入项目 或 删除项目 ；最后在基础层和档差下方分别输入数值，单击 档差 ，即可生成完整的尺寸表。

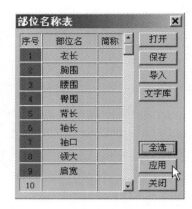

图 3–121 【部位名称表】对话框

（2）绘制前后身片的辅助线：进入打板界面，选择左下角 ⊙ 尺寸表 ，开始尺寸表法（即公式法）纸样设计。

前胸围 $=B/4+0.5$cm；后胸围 $= B/4-0.5$cm；袖窿深 $=B/6+7$cm

①选择 □，定左上点后，输入"x［胸围］/4–0.5y–［衣长］"，按 Enter 键，矩形框做成。输入公式时，如图 3–122 所示，直接双击尺寸表中的各部位名称即可。

②选择 ⋙，输入"胸围 /6+7"，指示被平行要素［要素］⋈ 1，然后指示框内为平行侧［任意点］▽ 2，即可做成袖窿深线，同理做出腰节线。

③前身辅助线同理做出，前门襟搭门量为 2cm，同时做出门襟止口线。

④选择 ⌐，指示［领域上］▽ 3 ▽ 4 和［领域上］▽ 5 ▽ 6，将下摆角连接，如图 3–123 所示。

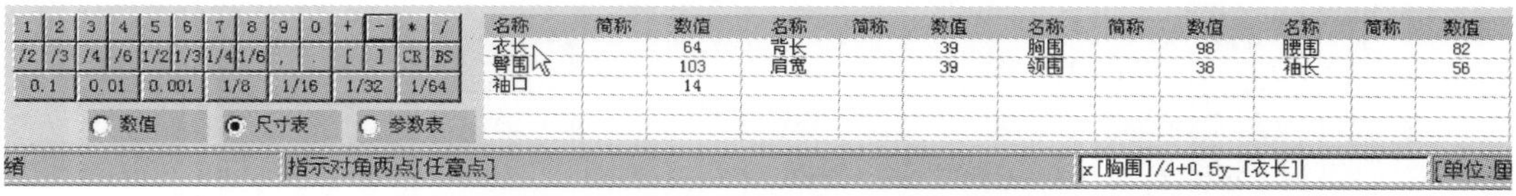

名称	简称	数值	名称	简称	数值	名称	简称	数值	名称	简称	数值
衣长		64	背长		39	胸围		98	腰围		82
臀围		103	肩宽		39	领围		38	袖长		56
袖口		14									

○ 数值　⊙ 尺寸表　○ 参数表

指示对角两点［任意点］　　　x［胸围］/4+0.5y–［衣长］　　　［单位：

图 3–122 尺寸表打板方法数据输入示意图

（3）绘制后领窝曲线：后领深 $=2.5$cm；后领宽 $=N/5-0.3$cm

①选择 ⌐，输入"2.5"，按 Enter 键，然后指示要素［要素］⋈ 1，中间给出 2 ~ 3 个点列，再输入"领围 /5–0.3"，按 Enter 键，再指示要素［要素］⋈ 2，即可绘成后领窝曲线。

②选择 ⌐，调节各个点列，使曲线圆顺。如图 3–124 所示。

（4）绘制肩落差辅助线和肩线（以后肩线为例）：

①选择 ⌐，将［端点］改为［参数点］，按照如图 3–125 所示进行设置，单击 确定 ，再指示后领窝曲线［要素］⋈，即可得到点 A。如图 3–126 所示。

②选择【垂直线】，输入"肩宽 /2"，单击

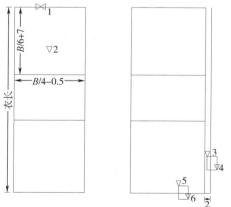

图 3–123 前、后身片的辅助线绘制完成图

图 3-124 后领窝曲线绘制完成图　　　图 3-125 【参数点】对话框

Enter 键，靠左端指示上水平线，得到垂直线的第一点，将第二点落在后肩落差辅助线上，肩端点做成。

③选择 ，自肩端点做后肩落差辅助线的垂线，长度为 1cm。

④选择 ，连接颈肩点和肩端点，即可做出后肩斜线。

同理绘制出前肩线。如图 3-127 所示。

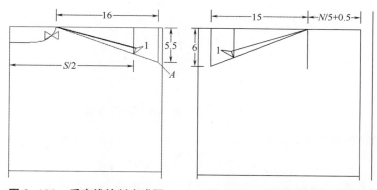

图 3-126 后肩线绘制完成图　　　图 3-127 前肩线绘制完成图

（5）绘制背宽线和胸宽线（以背宽线为例）：背宽 = B/6+2cm，胸宽 = B/6+1cm。

①选择【垂直线】，输入"B/6+2cm"，按 Enter 键，再靠左端指示袖窿深线 ▷◁1，得到垂直线的第一点；选择［投影点］模式，指示肩斜线（靠近肩端点位置）▷◁2，使背宽线正好结束于肩斜线。

②首先在袖窿深线上方，做出 2.6cm 间隔的平行线，作为前胸省量，然后同理绘制出胸宽线。如图 3-128 所示。

（6）绘制前、后袖窿曲线（以后袖窿为例）：

①选择 ，操作步骤

a. 指示肩斜线［端点］▷◁1，确定曲线的第一点列 B。

b. 依次做出曲线其他点列，确定 C 点前，选择［中心点］模式，然后指示背宽线［要素］▷◁2。

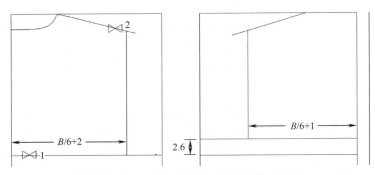

图 3-128　背宽线和胸宽线绘制完成图

c.继续做出曲线其他点列，确定 *D* 点前，选择［端点］模式，再指示［要素］◁3。

②选择 ：修正曲线直到圆顺为止，如图 3-129 所示。

前袖窿曲线 *EFG* 同理绘制。

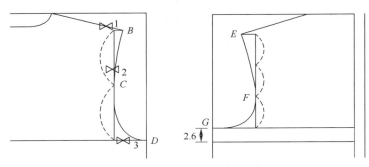

图 3-129　前后袖窿曲线绘制完成图

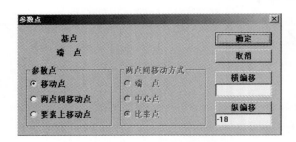

图 3-130　【参数点】对话框

（7）绘制臀围线：前臀围 =*H*/4+0.5cm；后臀围 = *H*/4−0.5cm。

选择【水平线】，将［端点］改为［参数点］，按照如图 3-130 所示进行设置，再靠左侧指示腰节线，得到一点，然后输入"臀围 /4−0.5"，按 Enter 键，即可做出后臀围线。如图 3-131 所示。

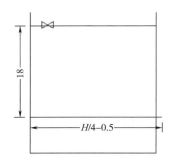 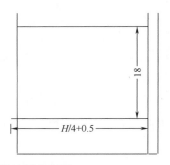

图 3-131　前后臀围线绘制完成图

前臀围线同理作出。

（8）绘制后中线与侧缝线：

①选择 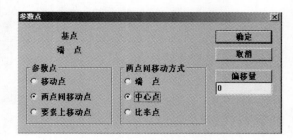，将［端点］改为［参数点］，按照如图 3-132 所示进行设置，分别指示［要素］▷◁1 和［要素］▷◁2，得到一点；然后选择［端点］，输入 "0.7"，Enter 键确认，指示袖窿深线；再输入 "1.5"，Enter 键确认，指示腰节线；输入 "1"，Enter 键确认，指示臀围线；输入 "1"，Enter 键确认，指示下摆线。

②选择 ，修正已做成的后中线直到满意为止。

③做后侧缝线时，选择 ，如图 3-133 所示，指示袖窿深线［要素］▷◁3；依次给出几个点列；输入 "腰围 /4-0.5+2"，Enter 键确认 ，靠左指示腰节线［要素］▷◁4；依次给出几个点列；指示臀围线端点；最后输入 "-1"，再指示下摆线［要素］▷◁5。

④选择 ，修正圆顺，即可完成后侧缝线的绘制。

前侧缝线同理绘制。

（9）绘制前后衣摆线（以后片为例）：选择 ，指示下摆线的端点和开始变形的位置点，再输入 "0.5"，Enter 键确认，指示侧缝线的下端；前片衣摆线起翘 1.2cm。

绘制前片衣摆线时，起翘量应根据后侧缝的实际测量长度来确定。

（10）绘制衣身省道（以后片为例）：

①选择【垂直线】，输入 "11"，按 Enter 键，靠左指示腰节线［要素］▷◁1，将垂直线绘制至袖窿深线，省中心线做成。

②选择 ，将垂直线的上端缩短 2cm。

③选择 ，按照图 3-134 所示的参数设置，指示省尖［端点］▷◁2，单击右键，省道作成。

④选择菜单【修改】/【端点移动】，指示移动要素端点［领域上］▽3▽4，再指示移动［端点］▷◁，并输入 "y2.6"，Enter 键确认，后片衣身省道长度调整完成。如图 3-135 所示。

图 3-132　【参数点】对话框

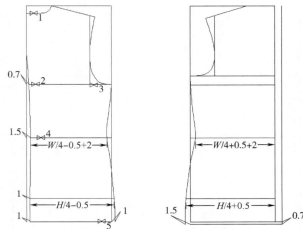

图 3-133　后中线与侧缝线绘制完成图

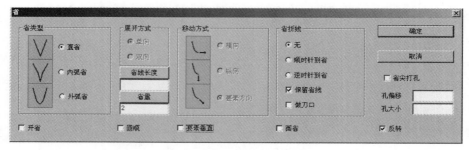

图 3-134 【省】对话框

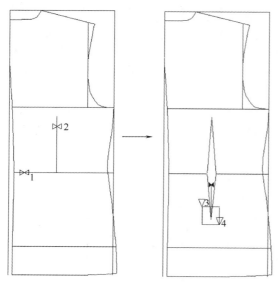

图 3-135 后片衣身省道绘制完成图

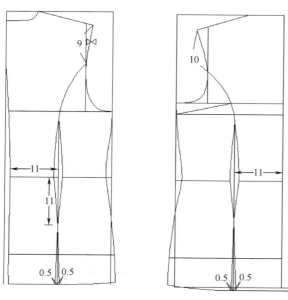

图 3-136 前、后片公主线绘制完成图

（11）绘制公主线（以后片为例）：

①选择 ，首先输入 "9"，Enter 键确认，指示后袖窿弧线［要素］▷◁1，确定公主线的第一点，依次选择几个点列，指示上端省尖。

②选择【垂直线】，分别指示下端省尖和衣摆线，按照图 3-136 所示，再选择 ，绘制出下摆处交叉部分的公主线。

③选择 ，将公主线调整圆顺。

前片公主线同理绘制。

（12）绘制西装领：

①绘制驳口线：首先定出驳口止点 H 点，选择 ，指示驳口止点［端点］▷◁1，将［端点］改为［参数点］，按照如图 3-137 所示的对话框设定，然后靠近颈肩点指示肩线［要素］▷◁2，完成驳口线 HI 的绘制。

②绘制串口线和驳头：选择 ，按照如图 3-138 所示的尺寸做出串口线 JK；选择【作图】/【点平行线】，过颈肩点做出驳口线的平行线，前领窝做成；选择 ，在驳口线右侧做出间隔是 7cm 的平行线，与串口线交于 L 点，选择 ，连接 L 和 H 点，并调整至圆顺，驳头作成。

③前领口线延长为后领曲线的长度：选择 ，选择后领窝曲线，单击右键，选择 参数化 ，在弹出的

部位名称对话框中，输入后领窝，单击 确定 ，则将各号型后领窝曲线的长度存储在参数表中；然后选择 ＼ ，选择 ⊙ 延长 ，点击 指示端 ，选中 ⊙ 参数表 ，双击 [后领窝] 参数名，单击 确定 ，再指示修改 [要素] ⋈ 3，单击右键完成。

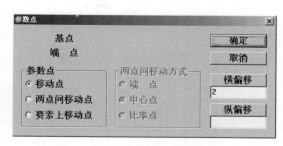

图 3-137 【参数点】对话框

④绘制倒伏量：首先将颈肩点切断，选择【编辑】/【角度旋转】，将该段线逆时针旋转 14°。

⑤绘制翻领：选择 ＜ ，如图 3-138 所示的尺寸做出后领中线；选择【作图】/【半径圆】，分别以 M 和 N 点为中心，以 3.5cm 和 3.8cm 为半径做出两个圆，并交于 O 点；选择 ℐ ，连接 OM，同时作成领上口线。

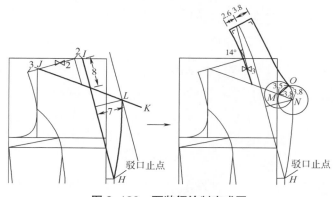

图 3-138 西装领绘制完成图

（13）绘制贴边和口袋：

①选择 ＼ ，输入间隔 "5"，指示被平行要素 [要素] ⋈ 1，指示平行侧 [任意点] ▽ ，Enter 键确认。

②选择 𝖩 ，操作方法：

a. 指示要变形线的端点 [要素] ⋈ 2。

b. 指示变形位置点 [任意点] ▽ 3。

c. 指示移动之后的点 [端点] 在输入框中先输入 "3"，Enter 键确认，再指示靠肩斜线颈肩点一端 [要素] ⋈ 4。

③按照如图 3-139 所示的尺寸做出口袋位置。

（14）绘制扣眼：选择 ⊙ ，按照如图 3-140 所示的输入记号对话框设定，指示第一粒扣位和最后一粒扣位，左键单击前中线左侧，即可作成。

（15）合并前侧片省道：

①选择菜单【作图】/【取出】，左键框选前侧片纸样轮廓，将其取出，并删除多余的要素。

②选择菜单【编辑】/【旋转移动】，框选移动的要素 [领域上] ▽ 1 ▽ 2，单击右键，分别指示移动前两点 [端点] ⋈ 3 ⋈ 4 和移动后两点 [端点] ⋈ 5 ⋈ 6，指示移动位置，单击重合点 [任意点] ▽ 7，则弹出旋转移动的对话框，单击 确定 。

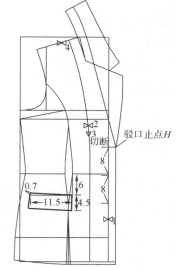

图 3-139 贴边和扣眼绘制完成图

③选择 ⊙，将公主线拼合圆顺，如图 3-141 所示。

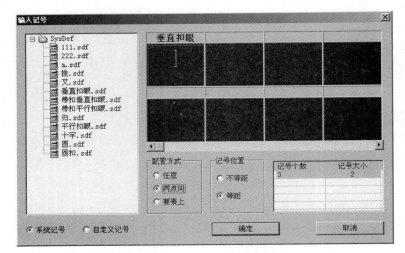

图 3-140　【输入记号】对话框

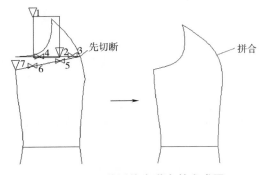

图 3-141　前侧片省道合并完成图

（16）绘制袖山高辅助线：

①选择【水平线】，作一条较长的线段。

②选择【垂直线】，指示垂直线的两点位置［中心点］⋈1；输入数值"AH/4+4"，单击Enter键，确定袖山高。

（17）绘制前、后袖山和袖山弧线高的基础线：

①选择 ◣，指示长度线的起点［端点］⋈2；指示投影要素［要素］⋈3；输入正测量的前袖窿弧长长度，即前 AH，Enter键确认，做出前袖山基础线。后袖山基础线同理做出。

②选择 ◿，指示垂直基准要素⋈4；输入垂线的长度"1.8"，按Enter键确认；指示垂线通过点［中心点］⋈5（先将袖山弧线与基础线交点处切断）；指示垂线的延伸方向［任意点］▽6，做出袖山弧线高的基础线。其他袖山弧线高的基础线同理做出，如图 3-142 所示。

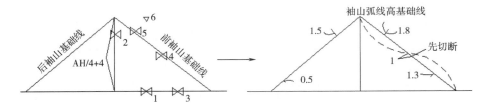

图 3-142　袖片辅助线完成图

（18）绘制前、后袖山曲线：

①选择 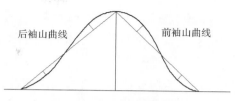，连接前后袖山曲线点列，并选择 ，修正袖山曲线，如图 3-143 所示。

②选择菜单【检查】/【要素长度差】，检验袖山曲线与袖窿弧线的差值（即袖吃势）是否合适。

图 3-143　袖山曲线完成图

（19）绘制两片袖：

①绘制袖中线：选择 ，按照如图 3-144 所示的参数设定，选择 输入长度 ，选中 ◉尺寸表 ，双击［袖长］名称，单击 确定 ，再指示修改要素移动端［端点］⋈1，单击右键即可。

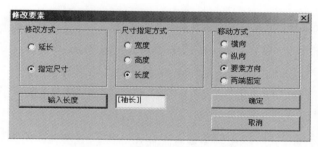

图 3-144　【修改要素】对话框

②绘制两片袖辅助线：选择【垂直线】，分别自前后袖肥线中点向下做垂线，选择【水平线】做出袖口线，在选择 ，将其边角进行修正。

③绘制袖肘线：选择【水平线】，输入"袖长 /2+2.5"，按 Enter 键确认，指示袖中线［要素］⋈2。

④如图 3-145 所示尺寸，绘制出两片袖即可。

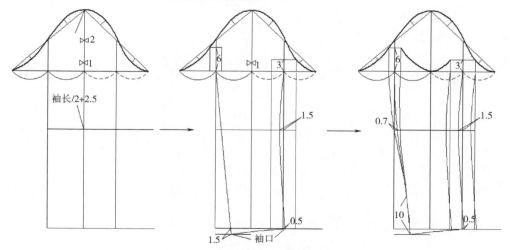

图 3-145　两片袖绘制过程图

（20）检查衣身纸样：选择菜单【检查】/【要素长度差】，分别指示要检查的第一组要素，单击右键，再指示第二组要检查的要素，单击右键，出现如图 3-146 所示的前片公主线的长度差数据。

前、后侧缝线的长度差同理检查。

号型名	要素1	要素2	长度差
155/80	49.299	49.307	0.008
160/84	51.39	51.398	0.008
165/88	53.493	53.501	0.008
170/92	55.606	55.614	0.008
175/96	57.727	57.736	0.008

图 3-146　前片公主线检查数据显示图

（21）做布片：

①选择 ▨，顺时针依次框选要取出的纸样轮廓，单击右键，在弹出的布片对话框中，进行设置，然后单击左键拾取布片移动至新位置，左键框选需要保留的内部要素，单击右键做成布片。

②选择 ▨，指示纸样净边线，单击右键，输入新的缝边宽度"4"，按 Enter 键确认，即可改变底摆的缝边宽度。

③选择 ▨，选择需要修改角的净边线，单击右键，选择缝边角类型，单击 确定 ，即可完成缝边角的修正。

其他布片同理作成，如图 3-147 所示。

若有需要对称展开的布片，在布片设定对话框中，选择 ☑ 片展开 ，取出内部线后，再指示对称线，即可展开纸样。

（22）加剪口：是指在毛样上转角处加剪口。操作方法：选择菜单【纸样】/【剪口】工具。

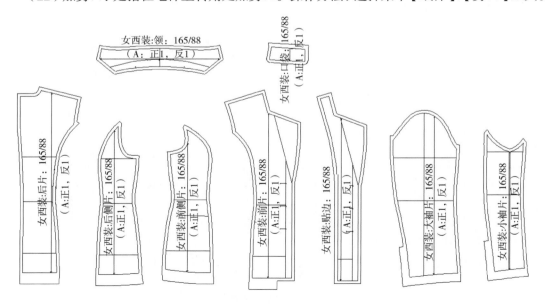

图 3-147　四开身女西装纸样完成图

分别指示净样线［要素］▷◁1▷◁2▷◁3▷◁4，单击右键，在弹出的如图 3-148 所示的【剪口】对话框中，设定剪口类型和尺寸，单击 确定 即可。如图 3-149 所示。

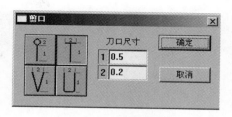

图 3-148 【剪口】对话框

其中，若要在毛样某一条要素上加剪口，选择菜单【纸样】/【要素剪口】，分别指示要素和净边线，即可做出。

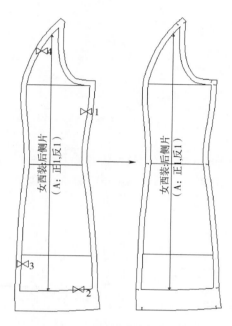

图 3-149 纸样加剪口完成图

第三节 日升推板系统

推板，也称放码。日升 NACPRO 推板系统提供了两种放码方法：切开线法和点放码法。切开线法的基本原理是利用一些假设的线（切开线）在基础纸样的某个部位切开，并在这个部位加入一定的放大或缩小的量（切开量），从而得到其他号型的纸样。点放码法又称为坐标放码法，其基本原理是将基础纸样轮廓的各关键点作为放码点，设定基准放码坐标轴后，根据各部位的档差值以及各放码点在横纵坐标轴上所占的比例，计算出该点的横纵坐标值，即为该放码点的缩放量，然后将缩放后的各关键点连接起来，即得到其他号型的放码纸样。该方法是传统手工放码操作中应用最为广泛的一种。如图 3-150 所示是日升 NACPRO 系统推板界面。

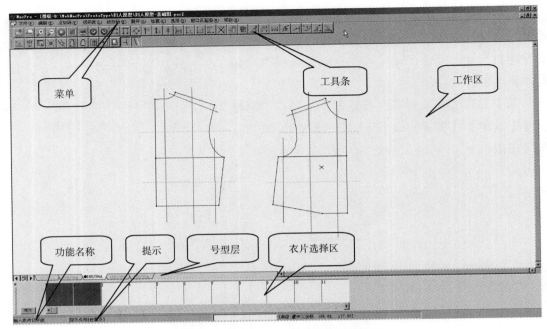

图 3-150　日升 NACPRO 系统推板界面

一、推板工具介绍

（一）推板基本工具

1. **布片全选**　选择【编辑】/【布片全选】，该工具可将准备推板的所有纸样选择至工作区。

2. **布片收回**　选择【编辑】/【布片收回】，该工具可将工作区内的纸样有选择地收回。操作时，单击鼠标左键框选要收回的纸样即可。

3. **布片全部收回**　选择【编辑】/【布片全部收回】，该工具可将工作区内的纸样全部收回。

（二）切开线放码工具

1. 📐 **输入竖向切开线**　该工具可绘制竖向切开线。操作时指示点列，单击右键结束切开线的绘制。竖向切开线表示沿经向将纸样切开，决定着衣片围度方向的推放，该切开线显示为红色。

2. 📐 **输入横向切开线**　该工具可绘制横向切开线。其操作方法与【输入竖向切开线】工具相同。横向切开线表示沿纬向将纸样切开，决定着衣片长度方向的推放，该切开线显示为黄色。

3. 📐 **输入斜向切开线**　该工具可绘制斜向切开线。其操作方法与【输入竖向切开线】相同。斜向切开线表示沿切开线的垂直方向推放，该切开线显示为紫色。

4. 修改切开线　该工具是通过移动切开线端点改变切开线的位置。操作时，选择菜单【切开线】/【修改切开线】，分别指示切开线端点到新位置，单击右键确认。

5. 输入切开量　该工具可用于在切开线上输入相对应的放缩量。操作方法：按照如图 3-151 指示切开线【领域上】▽1▽2，单击右键结束，弹出如图 3-152 所示的［切开量］对话框，输入切开量 "1" 的数值，单击 确定 或者按 Enter 键即可。

以下是关于切开量的说明：

（1）当切开量 1 与切开量 2 的数值相同时，可以只输入切开量 1 的数值。

（2）对于切开量相同的切开线，不分横、竖或是斜向，可以一起指示并输入。

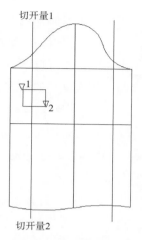

图 3-151　切开量指示示意图

（3）若一条切开线上输入 2 个不同的切开量时，须用【按基准点展开】工具将纸样展开。

（4）切开量的输入方式有两种：数值和尺寸表，当选择 ⊙ 尺寸表 时，切开量 1 和切开量 2 应使用尺寸表中的与各部位档差值成一定比例关系公式的形式表示。如 S2/4（S2 是某一部位档差值的代号）；当选择 ⊙ 数值 时，直接输入数值即可。

档差		☑150/76	☑155/80	☐160/84	☑165/88	☑170/92	☑	☑	☑	☑
同值	切开量1		0.2							
确定	切开量2									
取消		S	L					←	→	

图 3-152　【切开量】对话框

6. 追加切开量　该工具用于在切开线任意位置追加一个切开量。操作时，选择 ，在切开线上指示要追加切开量的位置，单击右键，输入切开量即可。

7. 修改切开量　该工具用于修改切开线上的切开量。操作时，选择菜单【切开线】/【修改切开量】，在切开线上指示要修改切开量的位置，然后在切开量对话框中，输入新的切开量，单击 档差 和 确定 即可。

8. 删除切开线　该工具用于删除切开线。操作时，左键框选要删除的切开线，单击右键确认。若切开线上有切开量，切开量也会被删除。

9. 删除所有切开线　该工具用于删除所有的切开线。只要选择该功能即可执行。

10. 显示切开线　该功能可显示或隐藏切开线。若选择该按钮，则显示切开线；反之，则隐藏切开线。

（三）点放码工具

1. 显示点号　若选择工具，即可显示纸样中的放码点，反之，则会隐藏放码点。

2. 固定点　固定点即放码基点，表示不推放点。选择该工具，再左键框选放码点即可设定放码固定点。

3. ⊾ **移动点** 放码点相对于固定点在横纵方向上移动。操作方法：选择放码点，单击右键，在屏幕下方弹出的对话框中，输入横向与纵向的偏移量，单击 确定 或 Enter 键即可。偏移量的输入方式参考【输入切开量】工具。

4. ⊾ **单 X 方向移动点** 放码点只做横向移动。操作方法：选择放码点，单击右键，输入移动量即可。

5. ⊾ **单 Y 方向移动点** 放码点只做纵向移动。其操作步骤同【单 X 方向移动点】工具。

6. ⊠ **斜向移动点** 按旋转后的坐标系给放码点加上横、纵偏移量。操作时，左键框选放码点，出现新的 x、y 坐标轴，将其旋转至需要位置，单击左键放下坐标轴，在弹出的对话框中，输入切开量，按 Enter 键即可。如图 3-153 所示。

正值为 x、y 轴的箭头所指方向，负值为反方向。

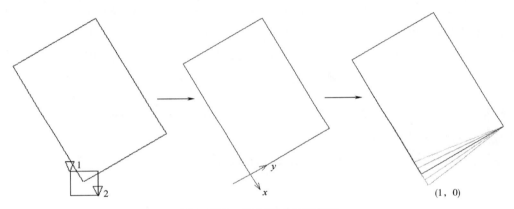

图 3-153 斜向移动点示意图

7. ⊞ **相对移动点** 相对于其他放码点做横、纵方向的移动。操作时，左键框选放码点，单击右键，指示对应点，在弹出的对话框中，输入相对移动量，按 Enter 键确认即可。

8. ▦ **移动参照点** 参照并复制其他放码点的放码资料。操作时，选择工具，弹出如图 3-154 所示的工具条，并选择一种参照方式，单击左键框选放码点，再单击参照点所在的要素即可。

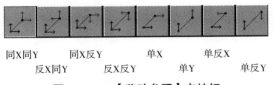

| 同X同Y | 同X反Y | | 单X | | 单反X | |
| 反X同Y | 反X反Y | | 单Y | | 单反Y | |

图 3-154 【移动参照】点按钮

9. ⬚ **固定距离点** 在某一要素上移动，且与已知点的距离差是变量。操作时，首先选择如下所示的距离方式按钮，再选择放码点［领域上］▽1▽2，指示距离起点［端点］

▷◁3,指示水平（垂直或要素）起点［端点］▷◁4,
输入距离变化量"1"，按 Enter 键确认即可。

（1）⬔：水平固定距离点，操作如图 3–155
所示。

（2）⬕：垂直固定距离点，操作如图 3–156
所示。

（3）⬖：要素固定距离点，操作如图 3–157
所示。

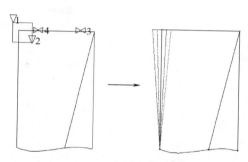

图 3–155　水平固定距离点示意图

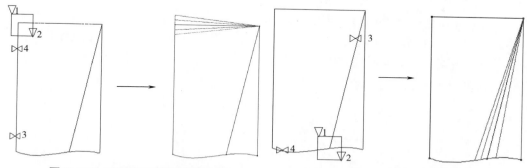

图 3–156　垂直固定距离点示意图　　　图 3–157　要素固定距离点示意图

10. ⬚ **平行与要素交点**　放码点沿要素方向移动,使该点与另一点的连线放码后平行。
操作方法：指示放码点［领域上］▽1▽2,指示平行起点［端点］▷◁3,再指示要素的起点［端
点］▷◁4 和终点［端点］▷◁5，使得分割线与肩线放码后平行，如图 3–158 所示。

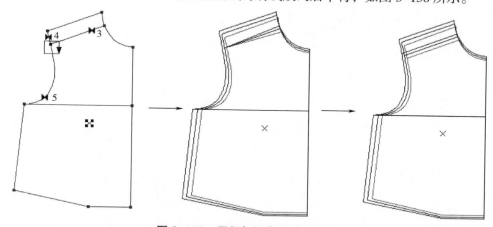

图 3–158　平行与要素交点示意图

11. ⬚ **两点间比例移动点**　放码点在已知的两放码点间按原比例移动，该工具常用
来推放扣位，且首尾两粒纽扣必须是先推放的。操作时，指示放码点［领域上］▽1▽2,
指示［端点］▷◁3 和［端点］▷◁4，如图 3–159 所示。

12. ⬚ **要素上移动点**　放码点在已知要素上移动，距要素起点的距离是变量。操作
方法：指示放码点［领域上］▽1▽2,单击右键，分别指示要素的起点［端点］▷◁3 与

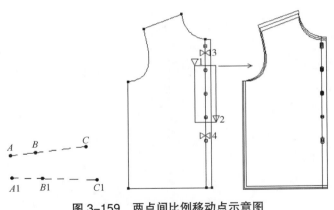

图 3-159　两点间比例移动点示意图

终点［端点］◁4，输入长度放码量（指距要素起点的距离，当移动量为"0"时，距要素起点的距离不变），如图 3-160 所示。

13. 要素延长点（以要素延长点要素方向为例）　放码点沿要素水平、要素垂直或要素方向移动。操作方法：首先选择延长方式（：要素延长点水平；：要素延长点垂直；：要素延长点要素方向），再指示放码点，单击右键，指示要素起点［端点］◁，输入延长量，按 Enter 键确认即可。如图 3-161 所示。

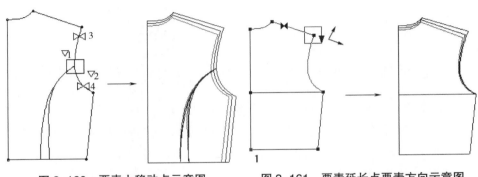

图 3-160　要素上移动点示意图　　　　图 3-161　要素延长点要素方向示意图

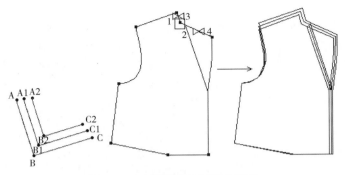

图 3-162　要素交点平行示意图

沿要素方向放码时，输入正值，要素按延长方向推放；输入负值，要素按缩短方向推放。

14. 要素交点（以要素交点平行为例）　放码点是已知两要素的平行线相交的点，该工具常用来推放西装领的驳口位置。操作时，选择相交方式（：要素交点平行；：要素交点垂直距离；：要素交点延长量）指示放码点［领域上］▽1▽2，指示要素起点［端点］◁3 和要素起点［端点］◁4，如图 3-162 所示。

15. 对称点　放码规则与参照点关于两点连线对称。操作时，指示放码点［领域上］▽1▽2，指示参照点所在要素［端点］◁3，选择对称起点［端点］◁4，选择对称终点［端点］◁5。如图 3-163 所示。

16.**要素上比例移动点** 放码点在已知的要素上按原比例移动，该工具常用来推放刀口记号。操作时，选择菜单【点放码】/【要素上比例移动点】，指示放码点［领域上］▽1▽2,指示要素的起点［端点］◁3 和终点［端点］◁4，输入移动量即可，如图 3-164 所示。

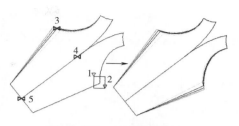

图 3-163 对称点示意图

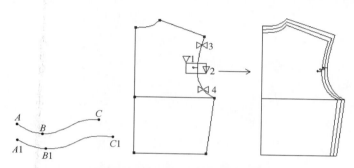

图 3-164 要素上比例移动点示意图

17.**左右对称码点参照** 多个放码点与参照点左右对称。操作时，指示多个放码点［领域上］▽1▽2,再指示对称线［要素］◁3，即可完成另一侧的放码。如图 3-165 所示。

【上下对称码点参照】【两点对称码点参照】和放码功能可参照此操作步骤。

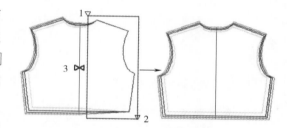

图 3-165 左右对称码点参照示意图

18.**⊠ 删除放码规则** 删除点的放码资料。操作时，选择放码点，单击右键，即可删除该点的放码资料。

19.**删除所有放码规则** 删除所有点的放码资料。操作时，选择菜单【点放码】/【删除所有放码规则】，系统会弹出提示操作是否继续，单击 是(Y) 即可执行删除。

二、推板实例应用

以本章纸样设计综合实例例 1 中的合体女衬衫衣片为例，使用切开线法进行放码。

（一）放码前的准备

（1）在主画面中，选择 ▦ ，进入推板界面，选择 ⬆ ，打开纸样文件，如图 3-166 所示。

（2）将待放码布片移入工作区：选择【编辑】/【布片全选】工具，或者选择下方的衣片选择框，将所需放码布片移入工作区。

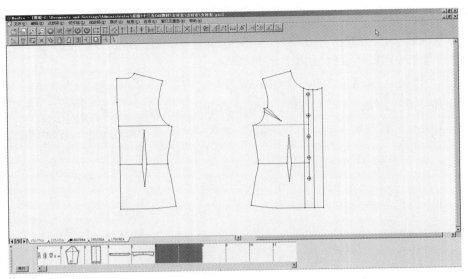

图 3-166　推板界面

（3）选择菜单【展开】/【每步执行】工具，将每一步的放码结果显示在屏幕上。操作时将其变为勾选状态即可。

（4）将 \ 按钮处于选中状态，即显示切开线，同时将 ⬜ 按钮处于不选状态，即隐藏毛样。

（二）放码的操作步骤

1. **确定档差**　胸围档差：4cm；衣长档差：2cm；肩宽档差：1.2cm。

2. **绘制切开线**　操作步骤：

①选择 ⊟，在各衣片中分别绘制 1 ~ 6 号切开线。竖向切开线用红色表示，决定衣片胸围方向的缩放。

②选择 ⊓，绘制 7 ~ 10 号切开线。横向切开线用蓝色表示，决定衣片衣长方向的缩放。

③选择 ◇，在肩部绘制 11 ~ 12 号切开线，如图 3-167 所示。

绘制切开线时，尽量避开省道。

3. **输入切开量**　选择 ⬆，输入切开量时，应根据服装的款式、结构、相关档差以及放码经验等诸多因素来合理的分配切开量，以确保放码的精度。对于切开量相同的切开线可以同时输入，如图 3-168 所示。

各条切开线的切开量可参考以下数值：

切开线 1 ~ 6 的切开量依次是（只

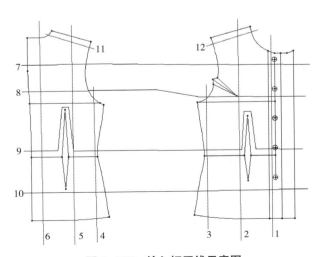

图 3-167　输入切开线示意图

在切开量 1 处输入）：0.2，0.4，0.4，0.4，0.4，0.2。

切开线 7 ~ 10 的切开量依次是（只在切开量 1 处输入）：0.2，0.3，0.3，1。

切开线 11 和 12 的切开量依次是：在切开量 1（领窝）输入"0.2"，在切开量 2（肩端）输入"0.1"。

4.**纸样展开**　选择 ，按基准点展开，则各号型的布片将按照指示的基准点进行展开。如图 3-169 所示。

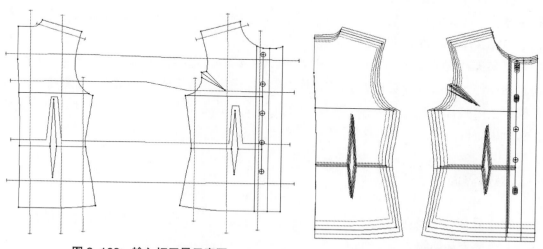

图 3-168　输入切开量示意图　　　　图 3-169　纸样展开示意图

5.**放码后纸样的检查**

（1）选择【检查】/【计算切开量】工具，可核对切开线的切开量数据。操作方法：按图 3-170 左图所示，指示要检查的切开线上的切开量 1 或切开量 2，单击右键，下方则弹出切开量数据显示框，如图 3-170 右图所示。

（2）选择【检查】/【要素长度差】工具，检查两组要素的长度以及各号型的长度差。操作方法：按照图 3-171 左图指示，分别指示拼合要素 1 和拼合要素 2，单击右键，屏幕上显示出两组要素长度与长度差，如图 3-171 右图所示。

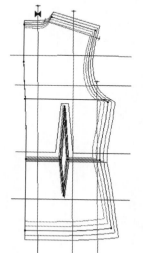

号型名	切开量
150/76A	-0.4
155/80A	-0.2
160/84A	
165/88A	0.2
170/92A	0.4

图 3-170　计算切开量示意图与数据显示框

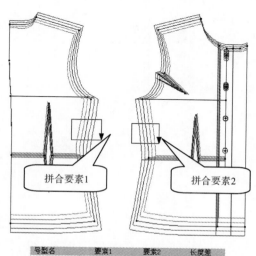

号型名	要素1	要素2	长度差
150/76A	33.411	33.404	-0.007
155/80A	34.691	34.686	-0.005
160/84A	35.973	35.973	
165/88A	37.257	37.256	-0.001
170/92A	38.543	38.543	0

图 3-171　要素长度差示意图与数据显示框

第四节　日升排料系统

排料操作就是操作人员将已完成放码、加缝头工作的各种号型的服装样板，在给定布幅宽度、布纹方向、花格对齐、尺码搭配等限制条件下，用数学计算方法，合理、优化地确定衣片在布料上的位置。

电脑排料就是在计算机的显示屏幕上给排料师建立起模拟裁床的工作环境，将手工排料的操作过程搬到计算机上，利用排料系统提供的各种操作工具和选项按钮来完成排料操作。电脑排料按照具体操作方式，可以分为人机交互式排料和电脑自动排料；按照排料所用布料，可以分为单色布排料和图案布（对花对条对格）排料。

一、操作界面

操作界面分为菜单栏、工具栏、选择区、待排区、辅助区、临时排放区、排料工作区等几个部分，如图 3-172 所示。

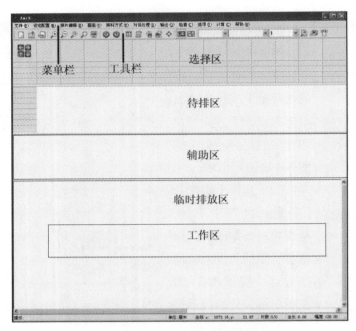

图 3-172　日升排料系统的操作界面

二、菜单栏

（一）文件

1. **新建**　将打板推板系统生成的纸样文件导入排料系统，新建一个扩展名为".amk"的排料文件。需要在【布片设置】窗口里进行调入纸样文件、面料设定、布片与号型设定及其他相关设定。

（1）调入纸样文件：点击"增加"，打开需要导入的纸样文件；点击"删除"，可以删除不需要的纸样文件。

（2）面料设定：

面料名：显示布料名称，与打板系统生成的纸样文件布料名称一致。

幅宽：输入排料所用布料实际幅宽。

料长：预设排料图的长度。系统默认 1000m，长度足够用，可以不予更改。

床数：设定排料的床号。

特性设定：可设定面料形状为长方形或平行四边形（输入四边形内角或布长偏移量中的任意一个值既可），面料特性设定可在单层面料、圆筒面料、对折面料中选择，面料格子用于图案布排料时进行条格的设定（条形面料只输入第一方向格子即可），如图 3–173 所示。

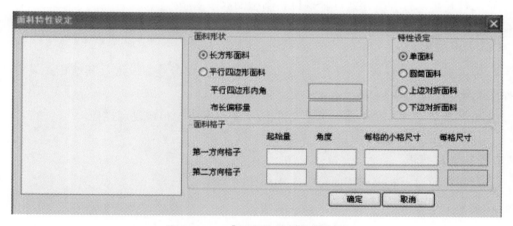

图 3–173　【面料特性设定】窗口

（3）布片与号型设定：按住 Ctrl 键，在要选中的衣片上单击鼠标左键，选中的衣片显示红色外框；在已选中的衣片上单击左键可以取消选中状态。另外在【全选→】上单击左键，可选中所有衣片，单击右键，可取消所有衣片的选中状态。

按住 Ctrl 键，在要选中的号型上单击鼠标左键，选中的号型显示红色外框；在已选中的号型上单击左键可以取消选中状态。另外在【全选↓】上单击左键，可选中所有号型，单击右键，可取消所有号型的选中状态。

设置选中号型的衣片对应的裁剪套数和衣片片数。其中单件衣片在左列输入数据，对称衣片左列输入左片的片数，右列输入右片的片数，一个号型的衣片总数由电脑自动计算。

在衣片上单击右键，可以展开衣片（对折的衣片打开排料）。

（4）其他设定：

套数：每个号型的套数，"正 / 转"是指该号型衣片在排料中是否旋转 180°。

旋转角度：衣片旋转的角度。

180° 旋转锁定：锁定后（×），衣片不能 180° 旋转。

翻转锁定：锁定后（×）衣片不能翻转。

最大旋转角度：衣片旋转的最大角度。

单片缩水设定：缩水后尺寸 = 原始尺寸（1+ 缩水率 %）。

缩水按除法计算：缩水后尺寸 = 原始尺寸 /（1- 缩水率 %）。

间隔：设置衣片上下左右的间隔量，在排料时使衣片有一定的间隔。

修改：由排料画面返回到布片设定修改衣片设置，设置完毕后按修改，原来的排料图不被改变。

新建：进入排料画面开始排料。

2. **保存**　保存当前排料文件。

3. **另存为**　重新命名来保存当前排料图。

4. **排料方案**　临时保存排料方案。一次可以保存 20 个临时排料方案。

5. **文件替换**　打开纸样文件替换排料图中的衣片。

（二）设定配置

1. **布片设定**　进行调入纸样文件、面料设定、布片与号型设定及其他相关设定。具体操作同菜单【文件】/【新建】。

2. **面料设定**　具体操作同菜单【文件】/【新建】中的布料设定过程。

（三）排片编辑

1. **撤销**　取消当前操作，回到上一步操作状态。

2. **重复**　与撤销相反，回到撤销前的状态。

3. **收回所有片**　收回所有的排片至待排区。

4. **收回已排片**　收回排料区的排片至待排区。

5. **收回待排片**　收回临时排放区的排片至待排区。

6. **收回当前床排片**　收回当前床的排片至待排区。

7. **收回已排片至待排区**　收回已排片至临时排放区。

（四）画面

1. **放大 / 缩小**　将框选的排料区域放大显示 / 将排料区缩小 1/2。

2. **按幅宽显示 / 按料长显示**　按幅宽充满整个排料区显示 / 按已有的排料长度充满整个排料区显示。

3. **前画面 / 后画面**　应用放大 / 缩小功能后，回到前一画面状态或后一画面状态。

4. **重显示**　当画面上出现不清楚状态时使用，清扫画面。

5. **显示或隐藏格子 / 选择区 / 辅助图 / 待排区 / 状态栏**　依次显示或隐藏格子、选择区、辅助图、待排区、状态栏。

（五）排料方式

1. **自动排料**　电脑自动排料。可以全部电脑自动排料，也可手动排一部分，剩下的样片电脑自动排。

2. **半自动排料**　在选择区样片下方的数字上单击，或者在待排区的样片上直接单击，该样片直接放置在由电脑选择的排料区空隙中。如不选择半自动排料方式，则该样片需由排料人员手动选择空隙去放置。

3. **面料对格**　布片按各自的对格点排料。

（六）对话处理

1. **块拷贝**　将当前排料方案沿面料长或宽的方向复制 2 份或 2 份以上，允许样片旋转 180° 或左右翻转后再复制。操作结果如图 3-174 所示。

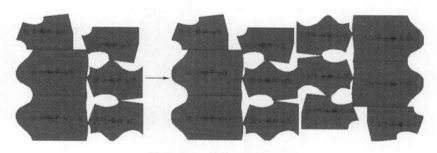

图 3-174　块拷贝操作结果

2. **组复制**　一个号型的部分衣片排好后，同号型的对称衣片或其他号型的衣片可自动排列同类排片。复制前提条件：排片至少有两个。

（1）操作步骤：

①点击【对话处理】/【组复制】。

②按 Ctrl 键，选择排料区的一个左后裙片和一个右后裙片，选中后按 A 键，此时两裙片组成一组（此时排料区中只有一个左后裙片和一个右后裙片，其余的在待排区）。

③点击组成一组的裙片，弹出【组复制】对话框，选择【同类排片复制】、【尽量多】；点击【确定】。

④可以在【临时排放区】看到被复制的排片。操作结果如图 3-175 所示。

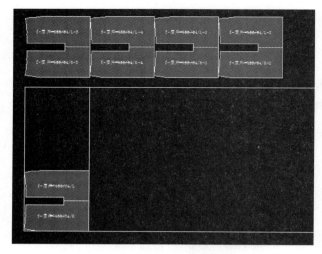

图 3-175　组复制操作结果

（2）【组复制】对话框中各个选项（图 3-176）含义如下：

同类排片复制：用于相同衣片的排料。如某衣片有多片，排好其中一片，其他片以相同的方式自动排列。

左右排片复制：用于对称衣片的排料。如某衣片已排左片，其右片以相同方式自动排列。

回转排片复制：如排的号型为正转衣片，则其他反转（即旋转 180°）的号型自动排。

左右、回转排片复制：用于一个号型内不同正/转套的衣片。如某衣片已排正转左片，其他反转（旋转 180°）套的右片以相同的方式自动排列。

其他号型复制：对其他号型起作用。

其中，左右排片复制的前提条件：有左片必须有右片；回转排片复制的前提条件：有正必有转；左右、回转排片复制的前提条件：左右，正转都有，如图 3-177 西服裙的布片号型设置所示。

3. **按号型整套操作**　增加或删减某一号型衣片的套数。

在按号型整套操作窗口中选择面料、号型，输入各个号型套数的增减数量，输入正数为增加的套数、输入负数为删减的套数，如图 3-178 所示。

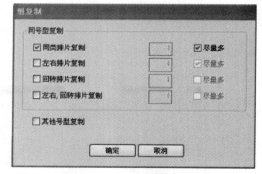

图 3-176　【组复制】对话框

4. **微动**　↑ ↓ ← → 方向定量移动衣片。

点击【微动】按钮；再点击要移动的衣片；用键盘的 ↑ ↓ ← → 方向键移动衣片。系统默认每次移动量为 1mm，也可在【选项】菜单的【测距工具设定】中设定移动量。移动完成后单击鼠标右键取消微动功能以继续其他操作。

5. **水平垂直移动**　使衣片在水平或垂直方向移动。点击【水平垂直移动】按钮；再点击要移动的衣片；用键盘的 ↑ ↓ ← → 方向键移动衣片，碰到布边或其他衣片即停止。移动完成后单击鼠标右键以继续其

布片、号型设定

全选 →	套数		片	1	2		
全选 ↓	正	转	数	前片1		后片	
155/64 ✓	5	5	3	1	0	1	1
160/68 ✓	5	5	3	1	0	1	1
17072 ✓	5	5	3	1	0	1	1

图 3-177　西服裙的布片号型设置

他操作。

6. 任意点旋转 使衣片围绕某一圆心旋转任意角度。点击【任意点旋转】按钮；点击要旋转的衣片；再在任意点处单击（单击的任意点即为旋转中心），移动鼠标，衣片围绕旋转中心旋转至想要的角度，单击左键结束旋转。

7. 右分离 从鼠标指示位置起，鼠标右边的衣片全部向右移动。点击【右分离】按钮；单击鼠标左键指示右分离的开始位置；再向右移动鼠标拖出一条线，指示移动后的位置，也可点击 Shift 键弹出输入移动量的对话框，输入衣片右移动的数值，开始位置右边的衣片全部向右移动。

图 3-178 【按号型整套操作】窗口

8. 纵向减去布头 / 横向减去布头 去掉排料图左边 / 上边的空白区。格子排料时，当衣片不能靠近左侧或上侧布边时，排完料后将后面的衣片靠近左侧布边，或将下面的衣片靠近上侧布边，如图 3-179 所示。

【纵向减去布头】还可用于输出排料图时，由于纸长不够只输出了部分，删除已输出的衣片，使用此功能将后面的衣片靠近左侧布边后输出剩余排料图。

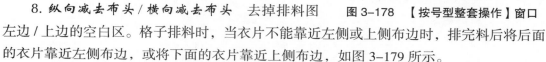

图 3-179 纵向减去布头 / 横向减去布头操作结果示例

9. 面料内复制 在当前面料中复制衣片，选择区中对应衣片下方的数值增加。

点击要复制的衣片；在弹出的对话框内输入【复制数量】，被复制的衣片个数增加。

10. 面料间复制 将选中的一个或多个衣片复制到另一种面料中。

点击【面料间复制】；选择衣片，可以按住 Ctrl 键逐个单击衣片进行多选，也可以按住 Shift 键框选多个衣片，单击右键结束选择；在弹出的对话框里选择【目标面料】和填写【复制数量】，点击【确定】；点击面料下拉菜单，选择【目标面料】，在【选择区】中可以看到复制过来的衣片。

11. 布片删除 删除排料区中选中的衣片，选择区中对应衣片下方的数值减小。

12. 排片切割 切割衣片。

点击【排片切割】；单击要切割的衣片。在弹出的对话框中（图 3-180）在【横切】和【竖切】间切换切割方向，切割位置通过以下四种方式设置：

任意位置：横向或竖向切割线位置由鼠标拖动确定。

倍分：输入分割比例，按布片的矩形边缘计算，其中横切从上边计算，竖切从左边计算。例如将衣片横向切割 1/2，输入"0.5"。

要素长度：输入数值后选择要素，从要素端点计算位置。

点距离：输入数值后指示对应点。输入正值，切割线在点的上方或右方，负值相反。

缝边宽：输入切开位置的缝份值。

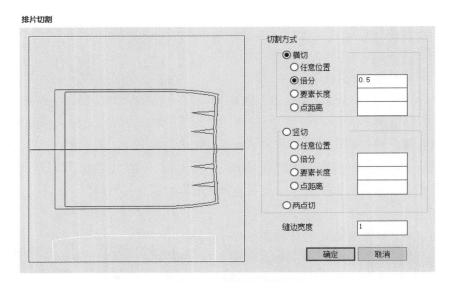

图 3-180　【排片切割】窗口

13. **收率线切割布片**　在收率线处（排料最右侧处）切割衣片。用于有一个衣片明显超出其他衣片，导致面料的浪费时，对超出的衣片部分进行切割。

点击【收率线切割布片】；单击切割衣片（片 1），在弹出的对话框中输入缝边宽度。一般是根据第二靠近收率线的衣片（片 2）来切割最靠近收率线的衣片（片 1），如图 3-181 所示。

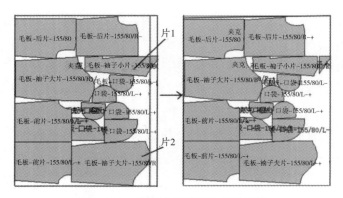

图 3-181　收率线切割布片结果示例

14. **整合切片** 将切开的衣片合成一个完整衣片。衣片整合后自动放回选择区。

15. **改变间隔** 给选中的衣片上下左右设置间隙。只对当前操作的衣片起作用，类似于给衣片四周加上缝份的效果，如图 3–182 所示。

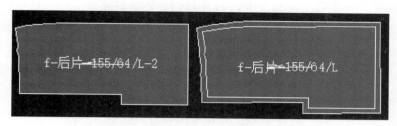

图 3–182 衣片上下左右设置间隙结果示例

16. **缩水处理** 对排料图进行缩水处理。选择用除法计算缩水率的计算公式为：1/（1–缩水率），否则按 1×（1+ 缩水率）计算。

17. **增加标注线** 在排料图上增加标注线。

点击【增加标注线】。在弹出的对话框中选择【收率线位置】，原来黑色的"收率线"就会变成蓝色的"标注线"；而选择【设定位置】，输入数值，例如"20"，那么在距排料图最左边 20cm 的地方会出现一条蓝色标注线。

18. **修改标注** 在选定的标注线的线前和线后设置标注。

19. **删除标注线 / 删除所有标注线** 删除指定的标注线 / 删除排料图上所有的标注线。

20. **自画线 / 删除自画线** 自画线：鼠标在排料区依次任意单击，单击的各个点之间依次连线形成自画线，右键结束操作。

删除自画线：自画线的反操作，删除排料图上所有的自画线。

21. **用料** 在如图 3–183 所示弹出的【用料表】窗口里，输入所需要的用料信息。

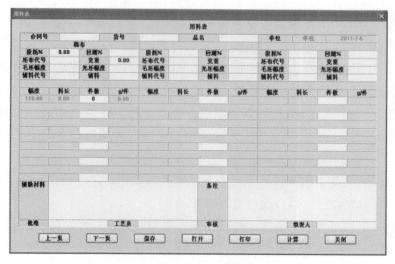

图 3–183 【用料表】窗口

（七）检查

1. **测量布片** 显示被测衣片的名称、纱向、翻转、旋转、间隔、位置、大小、面积等相关信息。可以连续操作，查看其他衣片信息。

2. **距离检查** 根据设定的格子宽进行排料图中距离的测量。选择该功能后，有网格附在鼠标上，可以放大后根据每一格的格子宽计算距离。格子数和单元格的边长可以在【选项】菜单下【测距工具设定】中设定。

3. **两点测距** 用于排料图中任意两点距离的测量。鼠标单击的两个测量点之间的距离在排料区的左上角显示。

4. **显示重叠布片** 排料区内重叠的布片外周会显示红色。

5. **显示超限制布片** 超出预先设置限制的布片外周显示红色。

（八）选项

1. **显示排料信息** 显示或隐藏排料信息，包括面料、幅宽、料长、缩水率、片数、床数、面积等相关信息。

2. **文件快速选择** 显示或隐藏文件快速选择。点击数字，可在几个文件中切换。

3. **移动参数设定** 用于设定微动排料移动单位、微调角度旋转单位、最大角度旋转单位。

4. **测距工具设定** 用于设置测距工具的参数，包括格子数与格子宽。

5. **右键功能设定** 用于鼠标右键快捷键的设置。其中，选中各项快捷键作用如下：

放回布片：排料时在选中衣片上按右键可以使衣片返回原处。

水平翻转：排料时在选中衣片上按右键可以使衣片水平翻转。

垂直翻转：排料时在选中衣片上按右键可以使衣片垂直翻转。

旋转布片：排料时在选中衣片上按右键可以使衣片旋转，右侧数值为自定义角度。

6. **格子颜色设定 / 布片颜色设定** 设定格子颜色 / 设定各个号型对应的衣片颜色。其中设定衣片颜色时，【自定义颜色】中前五个框的颜色分别对应 5 个号型，其他依此类推。

7. **实色填充布片 / 布片实色方式设定** 实色填充布片：选择是否按实色显示衣片。打√表示按实色显示，否则只显示衣片外周轮廓线的颜色。

布片实色方式设定：按哪种方式显示衣片实体颜色。按文件则同一文件衣片实体颜色相同；按号型则同一号型的衣片实体颜色相同；按套号则每套衣服的衣片实体颜色相同。

8. **对齐线设定 / 显示水平、垂直对齐线** 对齐线设定：用于设定水平、垂直对齐线，排料时衣片可靠紧对齐线，对齐线也可随时挪动。

显示水平、垂直对齐线：显示或隐藏水平、垂直对齐线，打√表示显示相应对齐线。

9. **显示原始外周** 显示衣片外周。打√表示显示原始外周，加过间隔量的衣片既可显示出原始外周，又可显示加间隔后的外周。

10. **实体排料** 排料图中衣片的净样轮廓线、毛样轮廓线均可见。

11. **旋转锁定 / 翻转锁定 / 间隔超布边 / 允许布片重叠**　分别为锁定后所有衣片不能旋转 / 锁定后衣片不能翻转 / 排料时布片的间隔量会超出布边 / 允许布片重叠，打√为选中相关功能。

12. **定制**　定制右键快捷菜单。

13. **系统参数设置**　设置背景色、字体、单位等系统参数。

（九）计算

按照公式计算针织布的重量、用布长、皮包用料长。

三、常用快捷键

1. 输出快捷键

A 逆时针旋转 10°　　　　　S 顺时针旋转 10°

D 逆时针旋转 1°　　　　　F 顺时针旋转 1°

Z 水平翻转　　　　　　　X 垂直翻转

空格键：顺时针旋转 90°

2. 排料快捷键

（1）Shift：鼠标位于选中的某衣片上时按此键，弹出【衣片旋转及翻转】对话框（图 3–184），选择相关按钮对衣片进行旋转、翻转操作。按参数设定可以对微动排料移动单位、微调角度旋转单位、最大角度旋转单位进行设定。再按一次 Shift 键可结束操作。

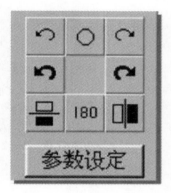

图 3-184　【衣片旋转及翻转】对话框

Shift 键选取一组衣片：按住此键，单击鼠标左键拖动可以框选多个衣片，选中后若再按 A 键，可使这多个衣片组合在一起，若移动衣片，则是成组移动。单击 Ctrl 键选中该组后，再单击 S 键，可将衣片组合解除。

（2）Ctrl 键强制衣片重叠：将某衣片移动到另一衣片上，按住该键，单击鼠标左键，两衣片重叠放置。

Ctrl 键选取一组衣片：按住此键，单击鼠标左键依次选中多个衣片，选中后若再按 A 键，可使这多个衣片组合在一起，若移动衣片，则是成组移动。

（3）A & S：使用 Shift 键或 Ctrl 键选中多个衣片后，按 A 可以将衣片合并为一组，按 S 可以将衣片组合解除。

（4）Delete 键：按此键可将选中的衣片收回到选择区。

（5）方向键：使用方向键可以移动选中的衣片，碰到布边或其他衣片自动停下来。

（6）旋转、翻转快捷键：

F1 水平翻转	F2 垂直翻转
F3 顺时针角度微调	F4 逆时针角度微调
F5 顺时针最大角度转动	F6 逆时针最大角度转动
F7 旋转 180°	F8 恢复变换前状态

四、单色布排料

以已放码的西服裙文件为例，进行排料。

（1）布片设定与面料设定：单击菜单【文件】/【新建】，将西服裙纸样文件导入排料系统，在【布片设置】窗口里进行调入纸样文件、面料设定、布片与号型设定及其他相关设定。

设定完成后，单击窗口右下角的【新建】，进入排料画面开始排料（图 3-185）。

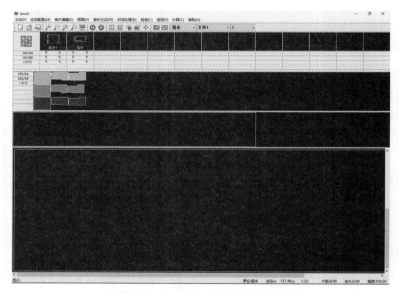

图 3-185　西服裙排料开始画面

（2）排料操作：单击选择区衣片下方的数字，衣片进入排料区。在排料区，利用鼠标、快捷键、菜单的各项选项按钮进行排料操作，合理放置衣片。无论是人工交互式排料还是电脑自动排料，得到的方案尽可能使用布率最优化。

五、图案布排料

图案布排料与单色布排料的区别，就是要在电脑显示屏上建立条、格设置，来模拟真实的面料花型、条格图案；再按照衣片相关部位的对位要求来进行排料。

1. **设置条和格**　单击菜单【设定配置】/【面料设定】，在弹出的窗口中单击对应面料的【特性设定】按钮，在弹出的【面料特性设定】窗口中进行面料条、格设定。

如图 3-186 所示对话框中相关各项含义如下：

第一格子方向为布长方向，第二格子方向为布宽方向，条纹布在其中一个方向设置，格子布在两个方向一起设置。

起始量：第一根水平或竖直条纹线距离布边的位置。

角度：一般布长方向设置为"0°"，布宽方向设置为"90°"。

每格的小格尺寸：输入条格尺寸，若有多条条纹线，设定时用","隔开。每格尺寸：由电脑自动计算，数据代表面料花型或条、格图案的最小循环单元尺寸。

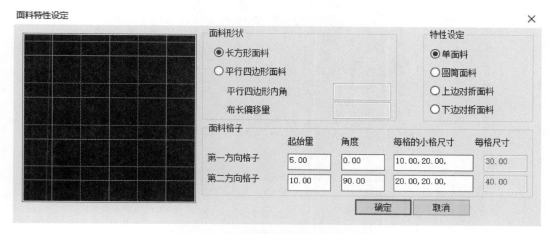

图 3-186　西服裙图案布排料面料条格设置

2. **设置对格方式**　单击菜单【设定配置】/【布片设定】，在弹出的窗口中单击右下方的【格子设定】按钮，弹出如图 3-187 所示的【格子设定】对话框，对话框中各项含义如下：

对条：只对面料中的第一格子方向或第二格子方向。

对格：对面料中的格子。

删除格子点：删除错误的或不需要的对格点。

移动布片：调整衣片的位置。

单一布片：衣片对面料上的格子。

布片对布片：衣片对衣片上的格子。

交点：衣片上某两条线的交点。

中点：衣片上某条线的中点。

端点：衣片上某条线的端点。

偏移量：对格点与端点、交点等点有偏移量，右、上为正值，左、下为负值。

（1）设置衣片对面料的格点：选择"对格或对条"方式中的一种，选择【单一布片】，选择"交点、中点或端点"中的一种；单击衣片，此时衣片置于格子中，左键单击衣片上的对格点，再单击指示面料上的对格点，则衣片上的对格点出现红色"<>"符号，设置完毕。

（2）设置衣片对衣片的格点：选择"对格或对条"方式中的一种，选择【布片对布片】，选择"交点、中点或端点"中的一种；单击衣片 1，此时衣片 1 置于格子中，左键单击衣片 1 上的对格点；再单击衣片 2，衣片 2 置于格子中，左键单击衣片 2 上的对格点，两衣片对格点出现红色"×"符号，并重叠在一起，设置完毕。其他对格点操作照此进行。

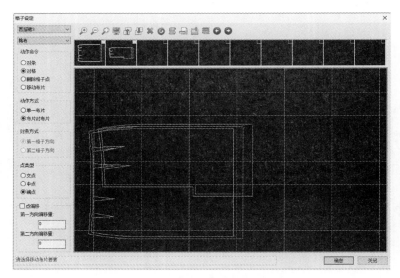

图 3-187　西服裙对格点设置

3. **图案布排料操作**　选择【排料方式】中的【面料对格】，排料区会出现模拟面料真实花型的网格线，按照对格点设置的顺序将衣片依次放置到排料区即可进行排料操作。排料完成后，选择【纵向剪去布头】，可将多余的布边剪去。

思考题

1. 简要阐述 NACPRO 服装 CAD 系统的特点。

2. 如何建立一个号型系列的尺寸表？如何设定基础号型？

3. 按照胸围 88cm、背长 38cm、袖长 56cm，制作文化式女装原型。

4. 按照下列规格尺寸，绘制一款男西裤的纸样。

①服装规格尺寸：裤长 =105cm，上裆 =26cm，腰围 =80cm，臀围 =104cm，裤口 =38cm，膝围 =40cm

②款式特征：臀腰差为前裥后省型，左侧有后臀袋，腰头尺寸自定。

5. 在第三题的原型基础上，运用系统中的部件制作功能进行西装领的设计。

6. 以第四题的纸样文件为基础号型，利用点放码法，按照档差要求推放 XS、S、L 和 XL 四个号型的样板。

各部位档差：腰围 =4cm，臀围 =4cm，裤长 =3cm。

7. 根据如图 3-188 所示进行裙装的纸样变化。要求在指定位置作出 2 个褶裥，以前中心线为固定侧，其中上端褶量为 2cm，下端褶量为 3cm。

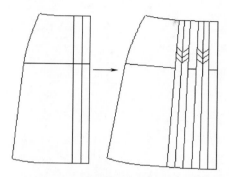

图 3-188　裙装的纸样变化示意图

8. 根据如图 3-189 所示进行省道转移，将原型中的省道平均转移至袖窿和肩部。

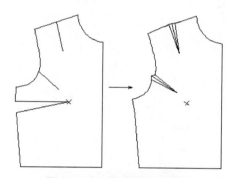

图 3-189　省道转移示意图

9. 打开一个已放码的纸样文件，给纸样加缝份并修改缝边角，然后按照要求进行排料。
要求：各号型均排一套，面料幅宽为 144cm，面料无倒顺毛要求。

应用理论

力克服装 CAD 系统

课题名称： 力克服装 CAD 系统

课题内容： 力克纸样设计系统

力克推板系统

力克排料系统

课题时间： 36 课时

教学目的： 使学生掌握使用法国力克服装 CAD 系统进行纸样设计、推板和排料的方法。

教学方式： 讲课与学生实际操作相结合

教学要求： 1. 使学生掌握 Modaris 纸样设计的方法。

2. 使学生掌握 Modaris 推板的方法。

3. 使学生了解掌握使用力克的排料软件 Diaminno 进行排料的方法。

课前准备： 学生复习结构设计、工业纸样等课程，熟知结构设计、推板、排料的原理和方法。

第四章 力克服装 CAD 系统

第一节 力克纸样设计系统

国外的纸样设计软件有很多，各个软件用于纸样设计的工具虽然各不相同，但是又都有相似性，法国力克公司的纸样设计系统 Modaris V7R1 是目前国外服装 CAD 市场上具有代表性的软件之一。

安装 Modaris V7R1 软件，然后双击桌面上的图标，即可进入 Modaris 界面，如图 4-1 所示。

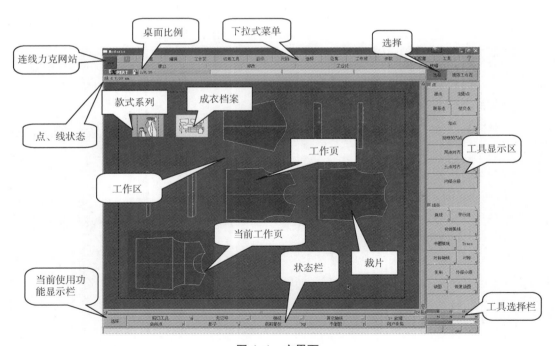

图 4-1　主界面

界面内有三种图，分别是【款式系列】的工作页图标、【成衣档案】工作页图标、结构草图或裁片工作页。【款式系列】是款式存在的象征，包含款式的名字和相关信息；【成衣档案】用来操作成衣档案，可建立多个；结构草图或裁片工作页是用来绘制纸样以及和纸样有关的操作区域。

一、系统概述

（一）Modaris V7R1 中常用的文件类型

在 Modaris 中的文件类型有很多种，了解这些文件类型，有助于正确的使用软件。常见的文件类型见表 4-1。

表 4-1　Modaris 中的文件类型

名　　称	英文名称	文件类型
款式系列	Model	*.mdl / *.MDL
经由自动储存产生的款式系列	Model	#*.mdl
前一个储存的款式系列	Model	*.mdl ~ 、*.mdl.omd
成衣	Variant	*.VET
纸样	Basic Image	*.IBA
排料	Marker	*.PLA / *.PLX
文字码表	Sizes Table	*.EVA
数字码表	Sizes Table	*.EVN

（二）快捷键

和多数软件一样，Modaris 的很多操作既可以使用工具按钮，也可以使用菜单和快捷键。某些操作使用快捷键更为方便，Modaris 中常用的快捷键见表 4-2。

表 4-2　Modaris 中常用快捷键

快捷键	功　能	操　作　方　法
Ctrl + A	全选工作页	—
Ctrl + Z	退一步	—
Ctrl + W	恢复上一步操作	—
Ctrl + U	显示 / 隐藏资料框	—
Z	删除工作页	按 Z 键后，鼠标左键单击要删除的工作页删除
Enter	窗口放大	按 Enter 键切换到窗口放大工具，按住鼠标左键拖框放大窗口内的内容
J或者8	显示所有工作页	—
Home	把当前选中的工作页放大到全图并放置在主窗口的正中	—

续表

快捷键	功　能	操　作　方　法
End	移动工作页	按 End 键一下，鼠标左键单击工作页，移动鼠标，单击鼠标左键或右键在目的地放下工作页
PageUp	向上翻一个工作页	—
PageDown	向下翻一个工作页	
i	选择工作页	按 i 键一下（鼠标呈小手状），鼠标左键单击工作页选择，鼠标右键单击最后一个要选择的工作页结束选择功能 注意：键盘必须在小写英文状态才可操作
7	选择性显示工作页（可配合 i 键使用）	按 i 键，左键单击要看的工作页，可以连续选择，右键单击最后一个要选择的工作页；按 7 键，左键单击选中的其中一个工作页即可显示；可用 PageUp、PageDown 翻页。要恢复到全工作页显示，按 8 或者 j 键。
a	调整当前工作页至正常大小	注意：键盘必须为小写英文状态
S	切换至【选择】工具	—

（三）点的类型

纸样设计软件中一般都会涉及不同的点型，点型不同，其作用也不同。Modaris 中所包含的点型及其作用见表 4-3 所示。

表 4-3　点类型

点形状	点名称	点生成	点特点
□	端点	线段的起始和结束点（每一图形至少须有两个端点）	可以通过【移动点】工具移动到任何位置；放缩点
蓝色×	特性点、联系点、曲线点	放缩过的特性点、联系点、曲线点	可以通过【移动点】工具移动到任何位置
红色×	曲线点	由曲线工具或者 Shift +【加点】工具生成	属于线，即在线上的点；可通过【移动点】工具自由修改位置从而改变线的造型；可按需修改自动生成的放缩量（修改后变蓝色）
白色×	1. 特性点 2. 联系点	1. 由【加点】工具生成 2. 由【联系点】生成	1. 属于线，即在线上。可自由修改位置以改变线的长短或造型，可按参考点放缩要求自动放缩并可以反复修改（修改后变蓝色） 2. 不属于线，位置随着参考点的变化而变化，放缩量也随着参考点的放缩自动推放
○	滑点	使用【滑点】、【外部分段】等工具加点产生的点	只能在线上加点，用【移动点】工具移动时，只能沿着线移动；加点时的参考点改变时，会自动跟随线段按比例移动位置；放码时，会根据所在的线段自动按比例放缩，不能单独操作放码
○	相交点	用【相交点】工具加在交点处的点	通过【成特性点】后才可修改所在位置
▷	定距点	用【定距点】工具加点生成的点	只能加在线上；可通过移动改变所在位置，但不会随所在线的长短来变化自己的量值；放缩量会随参考点自动推放并随参考点的放缩修改而自动修改，但是不能自己单独操作放码

续表

点形状	点名称	点生成	点特点
◈	钉点	【钉】类型的工具加的点	在移动点线时，固定某些不需要改动位置的点，用完立即除去
○	圆洞	【圆洞】工具生成	用来标识要钻孔的点位
✳	钻孔点	选择【记号工具' 35'】，使用【记号工具】加的点	用来标识要钻孔的点位
✦	钻孔点	选择【记号工具' 36'】，使用【记号工具】加的点	用来标识要钻孔的点位
◈	钻孔点	选择【记号工具' 37'】，使用【记号工具】加的点	用来标识要钻孔的点位
✳	钻孔点	选择【记号工具' 1'】，使用【记号工具】加的点	用来标识要钻孔的点位
⊤✳	对格点	选择"垂直图案条纹"，使用【记号工具】加的点	用来标识垂直图案条纹点
⊢✳⊣	对格点	选择"水平图案条纹"，使用【记号工具】加的点	用来标识水平图案条纹点
⊢✳⊣	对格点	选择"垂直/水平图案条纹"，使用【记号工具】加的点	用来标识水平图案条纹和垂直图案条纹交叉点
│	剪口工具 21	选择 │ 剪口，用【剪口】工具加的剪口	标识剪口
∩	剪口工具 22	选择 ∩ 剪口，用【剪口】工具加的剪口	标识剪口
∧	剪口工具 23	选择 ∧ 剪口，用【剪口】工具加的剪口	标识剪口
∏	剪口工具 24	选择 ∏ 剪口，用【剪口】工具加的剪口	标识剪口

二、工具箱

Modaris 中的工具箱放在工具选项区，可以通过工具选择栏（参见图 4-1）的选项按钮【F1】~【F8】或者通过键盘上的 F1 ~ F8 键切换，共有 8 个，包括【F1】建立点、线工具，【F2】剪口、方向等工具栏，【F3】修改、针工具栏，【F4】工业生产、裁片工具栏，【F6】缩放控制、修改工具栏，【F7】尺码系统工具栏，【F8】测量等工具栏，其中【F6】、【F7】工具栏内是放缩工具不在这里介绍。

工具栏有文字和图标两种显示方式，用户可以根据自己的喜好选择工具的显示方式。设定方法：下拉菜单【画面配置】，在【图像/文字】上单击鼠标左键，打勾为文字显示状态，不打勾为图标显示状态。

（一）建立点、线工具

用鼠标单击工具选择栏上的【F1】或者按键盘上的 F1 键，在【工具箱显示区】可以看到建立点、线的工具。点线工具主要是绘制图形的基本工具，包括滑点、定距点、联系点、相交点、加点、加相关内点、两点对齐、三点对齐、内部分段、直线、切线弧线等。

1. ～ **滑点** 【滑点】是用来在线段上加一个滑点，滑点的形状为 ，可以配合空格键使用。加滑点的范围只能在端点与端点之间。

在线段上增加一个滑点，操作步骤：单击【滑点】；单击参考点，移动鼠标，在线段上会出现随鼠标指针移动的滑点图标，按空格键切换方向，改变要加点的线段；在加点位置单击左键，操作完成。也可以不选参考点，直接在要加点的位置，单击两次鼠标左键加滑点。

2. ～ **定距点** 【定距点】是用来在线段上增加一个定距点。定距点的形状为 ，可以配合空格键使用。操作步骤：

（1）单击【定距点】，单击参考点，移动鼠标，在线段上出现定距点图标和沿线标尺，按空格键切换方向以改变要加点的线段，如图 4-2（a）中所示。

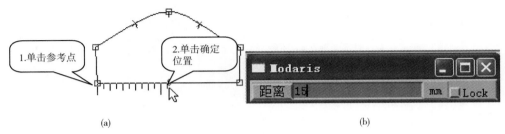

（a）　　　　　　　　　　　　　　　　（b）

图 4-2　加定距点

（2）在加点位置单击左键（不确定数据）；或者按键盘上的 ↓ 方向键，进入输入数据框，输入数据，如图 4-2（b）所示，Enter 键确定，单击左键，操作完成。

加点时也可以不选参考点，直接在要加点的位置，单击两次鼠标左键加点；加定距点的范围只能在端点与端点之间；当参考点改变时，定距点会自动跟随参考点移动，保持与参考点的距离不变；放码时会自动根据参考点的放码量顺放。

输入数据的单位设定方法：下拉菜单【参数】，对应分别可以设定长度、角度、面积、比例的单位选项。

3. ～ **联系点** 【联系点】是在线段的垂线上（亦可通过操作选择其他角度）加一个联系点。联系点的形状为 ，也可配合空格键使用，可提前选择不同的点型。联系点会随着参考点位置的移动而移动位置，根据参考点自动放码。

使用【联系点】有两种情况，一种情况是在已知线段的垂线上加点。例如，已有翻折线和串口线，确定驳头宽度，操作步骤：

（1）单击【联系点】，单击翻折线，出现垂直于翻折线的牵引线（可以沿线段移动），如图 4-3 所示；按 ↓ 方向键进入输入框，在【dl】输入框内，输入驳头宽后按 Enter 键，如图 4-4 所示。

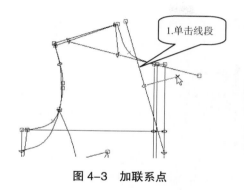

图 4-3 加联系点

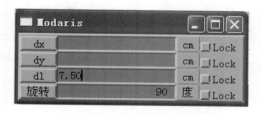

图 4-4 输入数据

（2）移动鼠标，牵引线以输入的长度沿着翻折线移动，移动至与串口线相交，单击左键，加上了驳尖点，如图 4-5 所示。

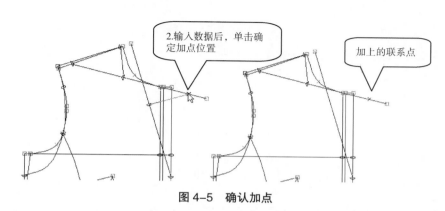

图 4-5 确认加点

另一种情况是已知线段和线段上的参考点，需要在从参考点出发垂直于或者沿着已知线段加点。操作步骤：单击按钮【联系点】按钮；单击参考点，移动鼠标会显示加点方向，此时按空格键切换方向，可以在沿着参考点所在水平线方向、垂线方向切换和改变要加点的方向之间切换；按 ⬇ 方向键进入输入框，输入数据后按 Enter 键，单击右键，加点完成。

一般情况下，加上的联系点为 ✕ 形， ✕ 形状的联系点是不能打印输出的，要打印输出，可以把它的点型设置为记号点，点型的选择方法如下：

①单击【联系点】工具按钮右上角的小三角，弹出对话框，如图 4-6 所示。

②系统默认用【加点工具】加的点都是无记号点，要加记号点，可以在对话框中勾选相应的记号，设置好后，关闭对话框。

③单击【联系点】按钮，使用工具【加记号点】，如图 4-7 所示是使用【记号工具'1'】加的点。

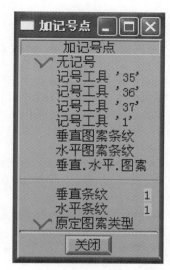

图 4-6 【加记号点】对话框

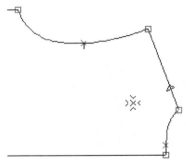

图 4-7　加记号点

注意：用完联系点后，应马上把点属性改回到无记号状态！

4.　 相交点 【相交点】是在线段交叉的位置或者与线段顺延方向相交的位置上增加一个交点，其形状为圆形。【相交点】工具加上的交点会根据参考点自动放码。

使用【相交点】也有两种情况，一种情况是在线段相交处添加交点。操作步骤：单击【相交点】，单击线段相交的位置即可。

另一种情况是在线段延长线后与另一线段相交处加交点。例如，在图 4-8 中裁片内线段与边界线的交点位置加交点。操作步骤：单击【相交点】，鼠标左键单击参考线段的端点，不要松开鼠标拖动至与另一条参考线相交，松开鼠标，在第一条参考线与第二条参考线的相交处加上了一个交点，如图 4-9 所示。

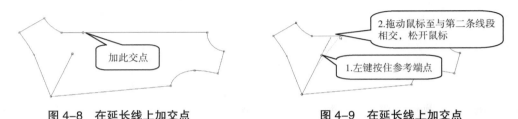

图 4-8　在延长线上加交点　　　　图 4-9　在延长线上加交点

5.　 加点 【加点】是在线段上增加一个【特性点】或【曲线点】，形状为"×"，可以配合 Ctrl 键在垂直、水平或者 45°规律线方向上加点。【加点工具】加的点，进行过一些操作后保持白色，放码时会根据线段按比例自动放码；如果操作后变为蓝色，则放码时不会自动跟随放码。

使用此工具也有两种情况，一种是沿着已有线段加点，操作步骤：

（1）单击【加点】；单击参考点，沿着要加点的线段拖动鼠标，会显示一条单向箭头线（尾线），如图 4-10 所示。

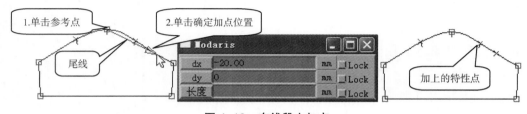

图 4-10　在线段上加点

（2）单击确定位置或者按 ↓ 方向键进入输入框，输入数据后按 Enter 键；单击左键确认加点。单击时如果按住 Shift 键，加的点是曲线点，否则为特性点。

另一种情况是在水平、垂直或者 45°规律线方向上加点，如图 4-11 所示，参考已有的腰节点，加上另一个腰节点。

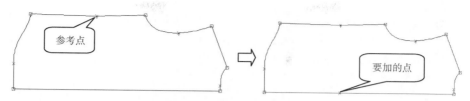

图 4-11　在垂直方向上加点

操作步骤：单击【加点】；单击参考点，按住 Ctrl 键，向下移动鼠标，会显示一条垂直尾线，如图 4-12 所示；移动鼠标至目标线段，单击确定加点位置。水平方向、45° 规律线方向加点操作方法相同。

注：45° 规律线方向指的是 45°、135°、-45°、-135° 方向的角度线。下文皆同。

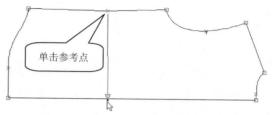

图 4-12　在垂直方向上加点示意图

6. **加相关内点** 【加相关内点】可以相对参考点以任意坐标加点，并不像以上几种加点工具加点位置有限制。它的点形状为白色"×"型符号，也可以进行不同点型选择，点型选择方法和【联系点】相同。相关内点会根据参考点自动放码。操作步骤：

（1）单击【加相关内点】；单击参考点，移动鼠标，出现一条随鼠标移动的尾线。

（2）在加点位置单击左键或者按 ↓ 方向键，进入输入数据框，输入数据后单击 Enter 键，单击左键，操作完成。输入数据时，如果是直角坐标，输入 "dx、dy"；如果是极坐标，输入 "dl" 和旋转角度。

7. **两点对齐** 【两点对齐】是将点与参考点在水平方向或者垂直方向上对齐，它可以配合空格键使用。

操作步骤：单击【两点对齐】；单击参考点，移动鼠标，出现一条随鼠标移动的线，按空格键切换对齐方向，只能在水平和垂直方向切换；单击要对齐的点，操作完成。

8. **三点对齐** 【三点对齐】是选两点作为参考线，把其他点对齐到参考点决定的直线上。

例如，将 C 点对齐到 A、B 两点决定的直线上。操作步骤：单击【三点对齐】；单击参考点 A 和 B，出现尾线；单击要对齐的点，操作完成。

9. **内部分段** 【内部分段】是把两点之间的直线距离分段，并在分点处生成相关内点。如前所述的工具相同，单击工具右上角的小三角可以选择生成不同的点型。

例如，将图 4-13 中 A、B 两点间直线距离三等分，操作步骤：单击【内部分段】；单击参考点 A 出现牵引线，如图 4-13（a）所示；单击参考点 B，弹出输入段数对话框，输入段数，按 Enter 键确认，操作完成，如图 4-13（b）所示。

10. **直线** 【直线】是绘制直线的工具。操作步骤：单击【直线】；单击第一点；单击第二点完成操作，或者按 ↓ 方向键，进入输入数据框，输入数据时，有两种输入方法：直角坐标和极坐标（极坐标的角度是以顺时针方向为正方向），输入数据后按 Enter 键。

单击第一点后按住 Ctrl 键可以绘制水平、垂直和 45° 方向规律线。

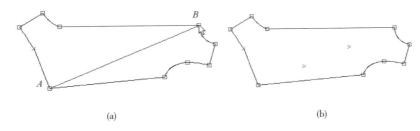

(a)   (b)

图 4-13　内部分段

11. 平行线　【平行线】是用来绘制与已知线段平行的线段。

操作步骤：单击【平行线】；单击被平行的线段，移动鼠标单击，或者按↓方向键进入输入数据框，输入平行距离向裁片内部为负值，向外为正值，按 Enter 键。

图 4-14　关联性设置

单击按钮图标右上角的小三角形，可以打开【平行线 / 对称】对话框，如图 4-14 所示，点选【线段相关联】，可以建立相关联的平行线，以相关联方式产生的平行线没有独立的点，修改原参考线时，平行线会自动跟随修改。

12. 切线弧线　【切线弧线】用来绘制切线弧线，是本软件中最常用的曲线。它可以配合 Shift 键和 Ctrl 键使用。

操作步骤：

（1）单击【切线弧线】；单击起点。

（2）单击中间点，按↓方向键，进入输入数据框输入数据后单击。单击中间点时如果按住 Ctrl 键，可以绘制 45°、135°、225°、315° 角直线，若按住 Shift 键单击中间点，绘制的点为曲线点，否则为特性点；若同时按鼠标左右键或者小滚轮可以删除绘制的前一个点。

（3）在最后一点单击右键结束。如图 4-15 所示。

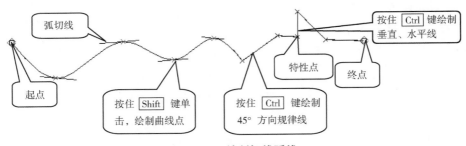

图 4-15　绘制切线弧线

下拉菜单中勾选【显示】/【弧切线】，可以显示弧切线，配合 F3 中的【点移动】功能，可以移动曲线点和弧切线修改切线圆弧。

切线圆弧建立的线条会根据起点和终点的放码量按比例自动放码。

13. 半圆弧线　【半圆弧线】用来绘制半圆弧线，它也可以配合 Shift 键和 Ctrl

键使用。操作步骤与切线弧线基本相同，绘制的曲线如图 4–16 所示，不同之处在于它的曲线点是单数。【半圆弧线】建立的线条也会根据起点和终点的放码量按比例自动放码。

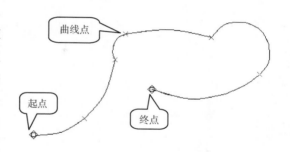

图 4–16　绘制半圆弧线

14. 对称轴线　【对称轴线】用来绘制对称轴线，是【对称】的配合工具。可以配合 $\boxed{Ctrl}$ 键画垂直、水平或者 45° 规律线方向的对称轴线。操作步骤为：单击【对称轴线】；单击起点；单击终点结束，或者按住 $\boxed{Ctrl}$ 键再单击终点，可以绘制 45° 规律线方向对称轴线。

在同一工作页上可以绘制多条对称轴线，但是只有最后一条视为当前可用的对称轴线。删除对称轴线的方法：下拉菜单【工作层】；勾选【删除】；单击对称轴线即可删除。

15. 对称　【对称】是以用【对称轴线】工具建立的对称轴线为对称轴，对称复制点、线或图形。

操作步骤：左键单击用【对称轴线】工具建立的对称轴，对称轴一次只能选一条；单击【对称】；左键单击要对称的点、线或图形，可以按住 $\boxed{Shift}$ 键多选，也可以预先选好要对称的对象。

单击【对称】按钮右上角的小三角形，可以打开【平行线】/【对称】对话框，勾选【线段相关联】，可以建立相关联的对称点、线或图形；相关联的对称点、线或图形修改时，对称部分会跟随对称性修改。

16. 复制　【复制】是用来复制点、线或者点线构成的几何图形。操作步骤：

（1）单击【复制】；左键单击要复制的点、线，按住 $\boxed{Shift}$ 键多选，也可以在单击功能按钮前按 $\boxed{S}$ 键预先选择。

（2）移动鼠标，复制出的图形会随着鼠标指针移动，此时，按 $\boxed{Q}$ 键可逆时针旋转图形，按一次旋转 1°；按 $\boxed{W}$ 键可沿顺时针方向旋转图形，按一次旋转 1°；按 $\boxed{A}$ 键可逆时针旋转图形，按一次旋转 10°；按 $\boxed{S}$ 键可沿顺时针方向旋转图形，按一次旋转 10°；然后单击目标位置放下图形或者按 $\boxed{\downarrow}$ 方向键，进入输入数据对话框，输入图形精确移动数据后单击左键即可。

17. 外部线段　【外部线段】是将任意两点之间的线段等分。与【内部分段】不同，【外部分段】是在线上分段，生成滑点。

例如，把图 4–17 两参考点 A、B 之间逆时针方向的线段 5 等分。操作步骤：单击【外部分段】；左键单击起点 A，然后左键按住终点 B 不要松开，出现粗白线，此时用键盘上空格键切换要等分的线段（粗白线表示的部分为要等分的部分）；松开鼠标，弹出输入段数对话框，输入段数 "5"，按 $\boxed{Enter}$ 键结束。

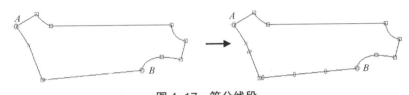

图 4-17　等分线段

（二）剪口、方向和形状工具

按键盘上的 F2 键或者单击【工具选项栏】中的【F2】按钮，在工具显示区显示剪口、方向和工具等工具按钮。此工具栏中的工具主要是用来绘制、修改剪口、控制图形方向和绘制形状的。包括以下工具：

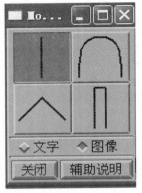

图 4-18　【剪口类型】
对话框

1. ⬚ 剪口　【剪口】是用来在点或者线上加剪口。操作步骤：

（1）设置剪口类型。单击【剪口】按钮图标右上角的小三角，弹出对话框，如图 4-18 所示，在对话框中选择想要的剪口类型，单击【关闭】关闭对话框。

（2）单击【剪口】；单击要加剪口的参考点或者线段。

2. ⬚ 剪口方向　【剪口方向】是用来改变剪口的方向。其操作步骤：单击【剪口方向】；鼠标左键按住剪口尾部，不要松开鼠标，拖动鼠标至满意位置后松开。

3. ⬚ 等分角度　【等分角度】是用来平均分配剪口两边的角度。操作步骤：单击【等分角度】；单击剪口。

4. ⬚ 垂直剪口　【垂直剪口】可以使剪口垂直于所在线段。操作步骤：单击【垂直剪口】；单击剪口即可。

5. ⬚ 外剪口　【外剪口】是用来将剪口放置在外部或者内部。操作步骤：单击【外剪口】；单击剪口，如图 4-19 所示。

图 4-19　外剪口

6. ⬚ 加记号点　【加记号点】用来把需要打印输出的点改为记号点。操作步骤：

（1）选记号点类型。单击工具按钮右上角的小三角，打开【加记号点】对话框，如图 4-20 所示，系统默认的是【无记号】，根据需要勾选记号类型，关闭对话框。或者左键按住状态栏上【无记号】按钮上的右侧标记，在快捷菜单中选择记号类型，如图 4-20 右图。

（2）单击【加记号点】；单击图形上的点。

反之，【加记号点】工具也可以将记号点改为无记号点。记号点的放码特性与原来的点相同，在记号的中心显示原来的点类型，如"×"型点改为记号点后，中心会显示一个"×"

形；滑点改为记号点后，中心会显示一个"O"形。

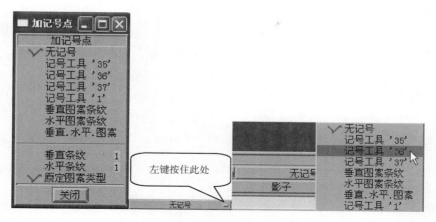

图 4-20 选择记号类型

7. ［水平/垂直记号］ 【水平/垂直记号】是用来在水平和垂直布纹线（经、纬纱线）的交叉点建立记号点，作为排料时的对位标记点。操作步骤：

（1）单击【水平/垂直记号】按钮右上角的小三角，打开【加记号点】对话框，选择记号类型，这里选择【记号工具'1'】，关闭对话框。

（2）单击【水平/垂直记号】；单击水平布纹线和垂直布纹线的交叉点，如图 4-21 所示。

水平、垂直布纹线的绘制方法参见"（四）工业生产、裁片功能 19. 轴线"。

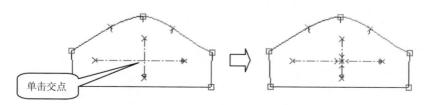

图 4-21 加水平/垂直记号点

8. ［X 轴翻转］、［Y 轴翻转］ 【X 轴翻转】是以水平线为对称轴，翻转工作页；【Y 轴翻转】是以垂直线为对称轴，翻转工作页。操作步骤：单击【X 轴翻转】/【Y 轴翻转】，即执行 X 轴翻转 /Y 轴翻转。此操作不能够使用还原功能，要还原时，再单击一次该工具按钮即可。

9. ［30 度］ 该工具可将当前工作页逆时针旋转 30°。单击工具按钮即可执行。【-30 度】工具按钮是将当前工作页顺时针旋转 30°。

其余【45 度】、【-45 度】、【90 度】、【-90 度】、【180 度】工具，与【30 度】工具按钮使用方法相同，只是旋转度数不同。这几个工具的操作均不能够使用还原功能还原。

10. ［两点旋转］ 该工具可将以两点决定的直线作为水平方向参照来放置工作页内的图形。操作步骤：单击【两点旋转】；依次单击要作为水平方向的两个参考点即可。

此操作不能够使用还原功能,还原时,可以找到原水平方向的两点,再使用【两点旋转】将其恢复至先前状态。

11. ▨ **方形** 【方形】是用来在工作页上绘制矩形。操作步骤：单击【方形】；在参考点或者任意点单击作为起始点；弹出输入框，在确定位置单击左键或者按 ⬇ 方向键，进入输入数据框，输入矩形长和宽后按 Enter 键，单击左键确认矩形。

另外，单击第一点后，拖动鼠标出现矩形图形，按键盘上 Ｑ、Ｓ、Ａ、Ｗ 键的可以旋转矩形，旋转角度和前面的工具相同。

12. ◯ **圆形** 【圆形】是用来在工作页上绘制圆形。操作步骤：单击【圆形】；在参考点或者任意点单击作为圆心；弹出输入框，在确定位置单击左键，或者按 ⬇ 方向键，进入输入数据框，输入直径后按 Enter 键。

13. ⬭ **椭圆形** 【椭圆形】是用来在工作页上绘制椭圆，注意这个椭圆与数学上的椭圆并不相同。操作步骤：

（1）单击按钮【椭圆形】；在参考点或者任意点按住鼠标左键,不要松开鼠标,拖动鼠标,开始建立第一个圆形，使工作页上呈现出一个圆形，如图 4-22 所示，此时弹出数据输入框，但是现在不要输入数据，松开鼠标，向外移动鼠标，这时呈现尖点的图形，如图 4-22 所示。

（2）移动鼠标至参考点或者任意点，确定两圆之间的距离，按住鼠标左键拖动，开始建立第二个圆形，如图 4-23 所示。

图 4-22　绘制椭圆第一个圆　　　　　　图 4-23　绘制椭圆第二个圆

（3）如果无需控制圆的大小，单击右键结束命令。如果需要控制数据，按 ⬇ 方向键，进入输入数据框，输入第一个圆的半径,第二个圆的半径和高度。高度是指椭圆的垂直高度，值不能小于两个半径的平均值，输入数据后按 Enter 键，单击右键确认结束（图 4-24）。

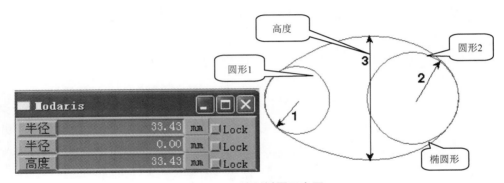

图 4-24　绘制椭圆示意图

绘制过程中还可以用 Q 、W 、A 和 S 键调整高度，用法与前面的工具相同。

14. 差量圆弧 【差量圆弧】是通过调整线段中央垂直高度来绘制弧线的工具。操作步骤：

（1）单击【差量圆弧】；在参考点或者任意点单击鼠标左键，弹出数据输入框，如图 4-25 所示，按 ↓ 方向键，进入输入数据框，输入差量后按 Enter 键确认；若不输入数据，可按 Q 、W 、A 和 S 键调整差量，每按一下 Q 键，相当于输入差量 1mm，每按一下 W 键，相当于输入反向差量 1mm，每按一下 A 键，相当于输入差量 1cm，每按一下 S 键，相当于输入反向差量 1cm。

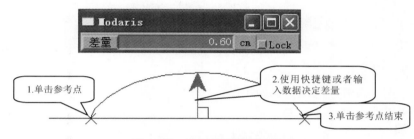

图 4-25　绘制差量圆弧示意图

（2）在参考点或者任意点单击鼠标左键，结束操作。

15. 半径圆弧 【半径圆弧】是绘制一定半径圆上的一段圆弧的工具。操作步骤：

（1）单击【半径圆弧】；在参考点或者任意点单击鼠标左键，弹出数据输入框，按 ↓ 方向键，进入输入数据框，输入圆的半径后按 Enter 键（数据框不会消失），这时工作页上出现半圆弧线，可以移动鼠标在半圆弧之间选择弧线长度。若不输入数据，也可以按 Q 、W 、A 和 S 键调整半径值，调整量与差量圆弧相同。

（2）在参考点或者任意点单击鼠标左键，操作完成。

16. 切线弧 【切线弧】是用来绘制已有两条线的切线圆弧的工具。操作步骤：单击【切线弧】；左键按住一条线上的点拖拉鼠标到另一条直线。在两条直线之间会出现与之相切的切线弧，按 ↓ 方向键，进入输入数据框输入数据可以控制圆弧的半径。

17. 圆之切线 【圆之切线】是用来绘制两个圆的切线的工具。操作步骤：

（1）单击工具按钮；绘制第一个圆，在参考点或者任意点单击鼠标左键（第一个圆的圆心位置），弹出数据输入框，按 ↓ 方向键，进入输入数据框，输入第一个圆的半径后按 Enter 键（数据框不会消失），工作页上将显示第一个圆。

（2）绘制第二个圆，在参考点或者任意点单击鼠标左键，按 ↓ 方向键，进入输入数据框，输入第二个圆的半径后按 Enter 键，此时工作页上出现两个圆的切线，按空格键可以切换切线。

（3）在工作页上单击左键，圆和对话框消失，只保留切线，操作完成。

（三）修改功能

按键盘上的 F3 键或者单击【工具选项栏】中的【F3】按钮，在工具显示栏显示点修改、线修改和针三大项工具。修改工具栏内的工具主要是用来修改点和线。

1. <u>　　　　</u> 删除 【删除】是用来删除点、线和图形，不能删除工作页和对称轴。操作步骤为：单击工具按钮后，单击要删除的点和线，可以提前用【选择】工具选择要删除的点和线。另外可用快捷键 Delete 键切换至【删除】工具。

2. <u>　　　</u> 移动点 【移动点】是用来移动当前工作页内的任意一点。如果要移动曲线点，单击状态栏上的【曲线点】按钮，使其凹下，以显示图形上的曲线点。如果希望修改时能看到原来的位置，单击状态栏上的【影子】按钮，使其凹下。

操作步骤：单击【移动点】；单击要移动的点，弹出数据输入框，按 ↓ 方向键，进入输入数据框，输入位移量后按 Enter 键（同样有直角坐标和极坐标两种输入方式）。此时也可按 Q 、W 、A 和 S 键调整点的角度，调整量与前面工具相同。

另外，使用【点移动】工具移动滑点和定距点时，由于滑点和定距点自身的特点，只能沿着线段移动而且不能改变线的造型。

3. <u>　　　</u> 改成端点 【改成端点】可以将特性点或者曲线点改成端点。此功能只能逐个点修改，若要修改曲线点，单击状态栏上的【曲线点】，使其凹下，以显示图形上的曲线点。操作方法：直接单击要改为端点的特性点或曲线点即可。

4. <u>　　　　</u> 结合成特性点 【结合成特性点】是把端点改为特性点。使用方法与改成端点相同，一次也只能操作一个点。

5. <u>　　　</u> 结合两点 【结合两点】是把两点结合成一个点，依次单击要结合的两点即可。先单击的点为需要修改位置的点，后单击的点为正确位置的点。

6. <u>　　　</u> 解开两点 【解开两点】是把端点解开成两个独立的端点。使用时，单击要解开的端点，移动鼠标后，再单击一下即可。解开后的两点仍叠加在一起，使用移动点功能可以使其分开。

7. <u>　　　</u> 成特性点 该工具可将滑点、定距点及相交点改成特性点。用鼠标直接单击要改成特性点的滑点、定距点或者相交点即可。一次只能操作一个点。

8. <u>　　　</u> 建立限制 【建立限制】是设置定距点的距离在图形改变时不变。此操作不能用还原功能还原；若要取消限制，应使用解除限制功能解除。

9. <u>　　　</u> 解除限制 【解除限制】是用来解除相关联设置，比如平行线关联、建立限制功能设置的限制、对称关联等。操作步骤：单击按钮【解除限制】；单击要解除的关联，可以预先选择，也可以按住 Shift 键多选。

10. <u>　　　</u> 钉 【钉】是用来选择一个或多个点钉住或者除去钉子，在使用【移动】等工具移动线、点和图形时，钉住的点会固定不动。要钉点时，直接单击要钉住的点即可，可以按住 Shift 键多选。单击有钉的点可以除去钉子。被钉住的点在进行移动、旋转移动等操作时保持不动。加了钉子的点将显示为一个红色菱形框标识。

11. ![钉放缩点]　**钉放缩点**　将当前工作页中的所有放缩过的点（蓝色的点）钉住。操作时，直接单击【钉放缩点】工具按钮即可把当前工作页中的所有放缩点钉住。

12. ![钉所有点]　**钉所有点**　【钉所有点】是将当前工作页中的所有点（曲线点除外）钉住。滑点和定距点虽然显示被钉住，但实际要被钉住还是要用【成特性点】改变点性质才行。直接单击【钉所有点】即可。

13. ![钉端点]　**钉端点**　【钉端点】是将当前工作页中的所有端点钉住。直接单击【钉端点】即可。

14. ![除去钉子]　**除去钉子**　【除去钉子】是将当前工作页中的所有的钉除去。直接单击【除去钉子】即可。

15. ![移动]　**移动**　【移动】是用来移动任何点或线。如果要移动曲线点，要先显示曲线点。如果要修改时能看到原来的位置，单击状态栏上的【影子】，使其凹下。可以配合钉子功能使用，把不想移动的点预先用钉钉住。单击图标右上角的小三角，弹出【移动 / 旋转修正】对话框，可以进行移动设置。操作步骤：

（1）使用相应的钉功能，钉住不想移动的点；单击【移动】。

（2）单击要移动的图形上的点或线（可以预先选择），移动鼠标，图形跟随鼠标移动，此时可以按 Ⓠ、Ⓦ、Ⓐ 和 Ⓢ 键调整角度，用法如前所述，调整完毕后单击左键或者按 □ 方向键，进入数据输入框，输入要移动的数据后按 Enter 键，如图 4-26、图 4-27 所示。

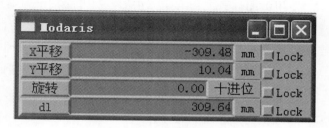

图 4-26　数据输入

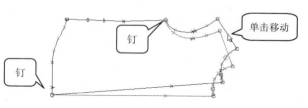

图 4-27　移动

16. ![旋转移动]　**旋转移动**　【旋转移动】是将全部图形或者局部图形以一点为中心进行旋转移动。如果要移动曲线点，要先显示曲线点。单击状态栏上的【影子】使其凹下可以看到移动前的位置。可以配合钉子功能使用，把不想移动的点预先用钉钉住。单击图标右上角的小三角，弹出【移动 / 旋转修正】对话框，可以进行移动设置。被移动过的点会以被钉住的状态显示。操作步骤：

（1）使用相应的钉功能，钉住不想移动的点后，单击【旋转移动】。

（2）单击旋转基点，出现牵引线。

（3）单击要移动的一个点，移动鼠标，弹出输入数据对话框按 □ 方向键，进入数据输入框，输入移动数据后按 Enter 键确认。注意输入的数据以基点和单击的点旋转决定的直线为基准。如图 4-28 所示。

17. ![修改弧长]　**修改弧长**　【修改弧长】是在不改变两参考点位置的情况下，修改两参考点之间的弧线的长度。操作步骤：

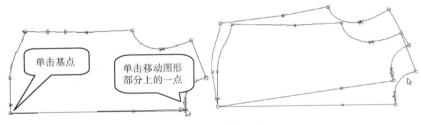

图 4-28 旋转图形

（1）单击【修改弧长】；单击第一个参考点。

（2）左键按住第二个参考点不要松开，出现粗白线，按空格键改变方向，把要修改的线条以粗白线显示后，松开鼠标，弹出对话框，按 ↓ 方向键，进入数据输入框，在【长度】数据输入框输入新长度后，按 Enter 键确认（【dl】数据框内用来输入直线距离）。

18. ⚒ **调整两线段** 【调整两线段】是将线延长或者缩短至边界线。

单击图标右上角的小三角形，打开对话框，勾选【删除最后点】，调整线段后，原来的线条上移动过的点不再保留，否则将保留一个特性点。

操作步骤为：单击【调整两线段】；单击要调整长度的线段，如按边界线缩短线段长度时，单击要保留的那部分线段；单击边界参考线即可完成调整。如图 4-29 所示。

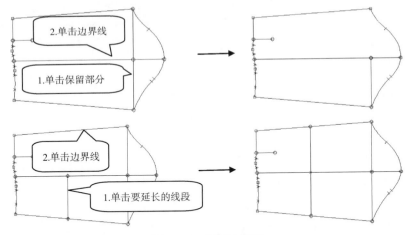

图 4-29 调整两线段

19. ⚒ **延长线段** 【延长线段】可将线段延长。操作步骤：单击【延长线段】；单击要延长的线，可按空格键切换延长方向；在目标点单击或者按 ↓ 方向键，进入输入数据框，输入要延长的长度后按 Enter 键。

20. ⚒ **简化曲线点** 【简化曲线点】是用来删除多余的曲线点。操作步骤：单击【简化曲线点】；单击要修改的线条，弹出对话框，在对话框内输入宽容量（所允许误差量）后按 Enter 键，系统在保持原曲线造型的情况下删除多余的曲线点。

21. ⚒ **缩率** 【缩率】是给裁片增加放缩量。操作步骤：单击【缩率】；单击要缩放的裁片，弹出对话框，输入【X】、【Y】方向的缩率，按 Enter 键确认。

（四）工业生产、裁片功能

按键盘上的 F4 键或者单击【工具选项栏】中的【F4】，在工具显示栏显示工业生产和裁片两项工具按钮。

1. ▱ **实样** 【实样】工具用来引出不带缝份的净样板。引出的样板可以用【平面图缝份】功能加缝份，缝份向外显示出来。

例如，引出图 4-30 所示的裤子样板实样。操作步骤：

（1）单击【实样】工具按钮右上角的小三角，打开【裁片】设置对话框。如果勾选【相关联方式引出裁片】，引出的实样会和平面图相关联，修改平面图时，实样会随之改变；可以按下状态栏上的【平面图】按钮，可以显示实样的平面图。

（2）单击【实样】，在要取出净样的图形内单击，不分先后次序，左右键同时按（或按鼠标中间的滚珠）可以退一步，右键单击结束。

单击过程中可以按键盘上的 Esc 键可以取消本次操作；按 Shift + < 键可以缩小工作页；按 Shift + > 键可以放大工作页；按 · 键可以将视图移动到鼠标位置。

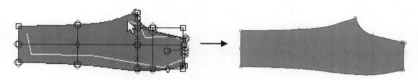

图 4-30 取出实样

另外，如果引出实样时，要保留内部线条。在引出前，用【选择】工具，选择要引出的内部线和点，按住 Shift 键多选。如果引出实样后，没有选中的不需要的线条被引出了，说明裁片上有参考那条线段上的点加的定距点、滑点等性质的点，修改点的属性，改为特性点或者端点，线条就会消失。

2. ▰ **裁片** 【裁片】工具引出的样板是含缝份的毛板。使用【裁片缝份】功能加缝份，缝份往里不显示。单击状态栏上的【裁剪部分】按钮使其凹下，可以显示往里的缝份状态。操作方法和实样相同。

3. ☁▸☁ **输入裁片** 【输入裁片】是将平面结构图中的点或线添加到裁片上。用【实样】或【裁片】工具引出的裁片并不包含内部线、点（包含引出前选择的点、线），使用【输入裁片】工具，可以把平面图上的点、线添加到裁片上。操作步骤：

（1）单击【输入裁片】，单击状态栏上的【平面图】使其凹下，这时平面图上的内部点、线会显示出来，如图 4-31 所示。

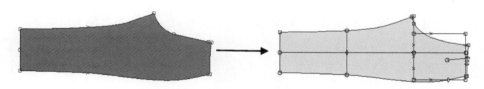

图 4-31 显示平面图

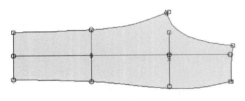

图4-32　输入裁片内部点、线

（2）单击要添加的点或线，可以选多个点、线，也可以右键拖框多选，左键单击确认。

操作完成后，单击状态栏上的【平面图】，使其弹起，可以看到，刚才选择的点和线已经在裁片上了。如图4-32所示。

不过，只有以相关联方式引出的裁片和实样才能把内部点和线输入、输出裁片。

4.　输出裁片　和【输入裁片】工具功能相反，【输出裁片】是隐藏裁片上的内部点、线到平面图上。操作步骤：单击【输出裁片】，单击裁片上要隐藏的点、线，可以连续单击多个点、线，也可以右键拖框多选，左键单击确认。

5.　线槽　【线槽】是将线段改成线槽状态。线槽是内部线的一种，显示为绿色。在打印机中可以对其进行参数的修改，"0"为单线，"0"以上是双线，也可以调成虚线或者实线。如果用切割机切割纸样，也可以选择是划线还是被切除。操作步骤：单击【线槽】，单击要改为线槽的线条，按住 Shift 键可以预先多选。

当把鼠标移动到线条上时,在屏幕左上角会显示线段是线槽还是普通线段,如图4-33所示。

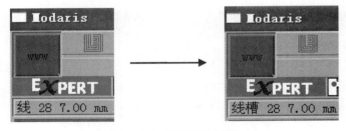

图4-33　将线改为线槽

6.　不是线槽　【不是线槽】是将线槽改为普通的线条。操作步骤：单击【不是线槽】，单击已经设成线槽的线条。

7.　内部切线　【内部切线】是将裁片上的内部线转变成切线，在裁片上形成镂空区域。操作步骤：单击【内部切线】，单击要改成切线的内部线的起始点，依次单击需镂空区域的各点，最后右键单击起始点结束。

8.　以线引出实样　【以线引出实样】是以边界线的形式引出净样板。操作步骤：

（1）单击【以线引出实样】工具按钮右上角的小三角，设置关联性，设置方法同【实样】工具。

（2）单击【以线引出实样】，单击起始点，按照方向和次序依次单击中间点，同时按鼠标左右键可以退一步,单击右键结束。所选的线条必须要构成封闭的图形。单击过程中，按 Esc 键即可取消本次操作；按 Shift + < 键缩小工作页；按 Shift + > 键放大工作页；按 · 键将视图移动至鼠标位置。

9. ![icon]　**以线引出裁片**　【以线引出裁片】是以边界线的形式引出毛样板。使用方法和【以线引出实样】相同，【以线引出裁片】工具引出的是裁片。

10. ![icon]　**平面图缝份**　给【实样】、【以线引出实样】工具引出的裁片加放缝份。删除时只能使用【删除平面图缝份】工具来删除。操作步骤：单击【平面图缝份】；单击要加缝份的线段，弹出对话框，如图 4-34 所示，按 ⬇ 方向键进入数据框，输入放缝量后按 Enter 键。可以预先用【选择】工具配合 Shift 键连续选择多条放缝量相同的线条，或者右键拖框多选（可本工作页或多个工作页一起操作），然后用【平面图缝份】工具同时放缝。

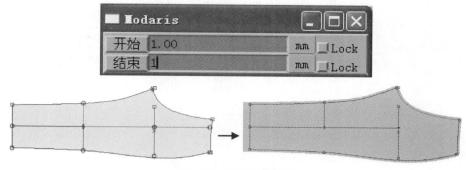

图 4-34　给实样加缝份

如果给一条线段多次放缝，以最后一次为准。因此，放缝时，一般先全部选中均放，再放不同的部分。

11. ![icon]　**删除平面图缝份**　【删除平面图缝份】只能用来删除由【平面图缝份】工具加的缝份。操作步骤：单击【删除平面图缝份】，单击要删除缝份的线段或者右键拖框多选，左键单击确认，也可以预先选择线段。

12. ![icon]　**裁片缝份**　【裁片缝份】是给由【裁片】、【以线引出裁片】工具引出的裁片加放缝份。删除时只能使用【删除裁片缝份】来删除。操作步骤与【平面图缝份】工具相同，不同之处在于裁片缝份在裁片上并不显示，按下状态栏上的【裁剪部分】按钮才可以看到净样线。

13. ![icon]　**删除裁片缝份**　【删除裁片缝份】只能用来删除由【裁片缝份】工具加的缝份。操作步骤：单击【删除裁片缝份】，单击要删除缝份的线段或者右键拖框多选，左键单击确认，也可以预先选择线段。

14. ![icon]　**产生缝线**　【产生缝线】是使缝纫线迹以内部线条的形式显示。只能操作由【裁片】、【以线引出裁片】工具引出的裁片，被操作的裁片必须放过缝份。操作步骤：单击工具按钮后，再单击裁片即可，如图 4-35 所示。

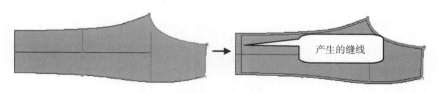

图 4-35　产生缝线

15. 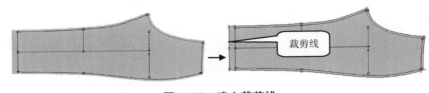**建立裁剪线** 【建立裁剪线】是将裁片的毛缝边以内部线形式显示。只能操作由【实样】、【以线引出实样】工具引出的裁片，而且裁片必须放过缝份。操作步骤为：单击工具按钮后，再单击实样裁片即可，如图 4-36 所示。

图 4-36　建立裁剪线

16. ![图标] **交换缝份** 【交换缝份】是将裁片的缝份内外交换。用【实样】、【以线引出实样】工具引出的裁片，加缝份后其缝份是加在外面的，而用【裁片】、【以线引出裁片】工具引出的裁片，加缝份后其缝份则是加在里面的，【交换缝份】可以将缝份内外交换，缝份交换后，净样的尺寸将发生变化。

操作方法为：单击【交换缝份】按钮后，单击裁片中间，可以交换整个裁片的缝份，也可以单击线段，逐条线段交换。

17. ![图标] **衬板制作** 【衬板制作】工具用来制作衬板或小于净样样板。如领口、袖口等要加衬的部位的衬板。在加缝份和没加缝份的裁片上的都可以使用。操作步骤为：单击【衬板制作】，单击线段（可以多选，也可以预先选中），弹出输入数据框，按↓方向键，进入数据框，输入数据后按 Enter 键。

18. ![图标] **删除衬板数值** 【删除衬板数值】是用来删除用【衬板制作】工具绘制的衬板。操作步骤：单击工具后，单击要删除的衬板线段。可以预先选中所有要删除的衬板线条。

19. ![图标] **轴线** 【轴线】用来绘制各种轴线，如布纹线、文字布纹线等。

单击【轴线】工具右上角的小三角，打开【轴线】选项框，勾选目标建立的轴线类型。

绘制布纹线的步骤：

（1）打开【轴线】对话框，勾选【布纹线】；单击【轴线】。

（2）单击起始点，按住 Ctrl 键可以绘制水平、垂直和 45° 规律线方向的轴线，单击终点或者按↓方向键，进入数据框输入数据后单击 Enter 键。

如果绘制了多条布纹线，以最后绘制的那条为准。

【特别文字轴线】是一根或多根可以编辑中文的文字轴线。编辑完文字后，打印时文字会根据轴线处在的位置打印出来。在屏幕状态下要显示轴线上的文字需要通过状态栏上的【裁剪部分】按钮帮助才可以看到。绘制【特别文字轴线】操作步骤为：

（1）单击【轴线】工具右上角的小三角，打开【轴线】选项框，勾选【特别文字轴线】；然后和建立布纹线的步骤一样建立轴线。

（2）下拉菜单【编辑】，勾选【编辑】。

（3）单击刚建立的轴线，即可输入修改文字资料；右键单击结束输入。

按下状态栏上的【裁剪部分】，放大裁片可以看到输入的文字内容。

20. 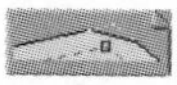 切角工具 【切角工具】是用来修改平面图缝份切角的工具。

处理切角前，首先选择切角工具。单击【切角工具】按钮右上角的小三角，打开【切角工具】选项框。由于切角工具图标更能形象地看出每个工具的处理效果，所以，下拉菜单【画面配置】，【文字 / 图像】在未勾选状态时，显示图标。根据目标需要勾选相应切角工具，关闭对话框。各切角工具的用途见表 4–4 中图示。

表 4–4　切角工具图示

图标	名称	示意图
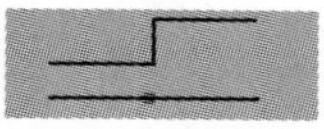	梯级	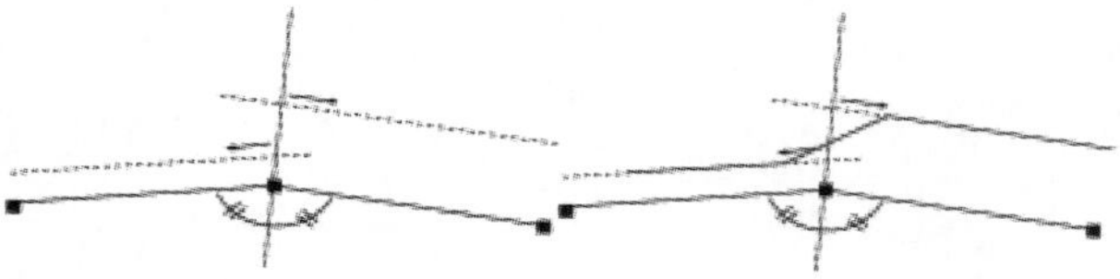
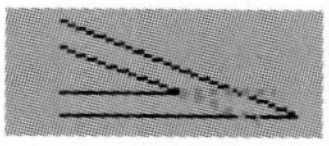	相交	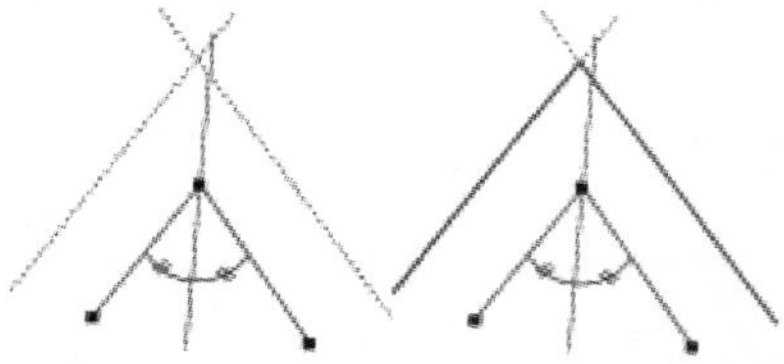
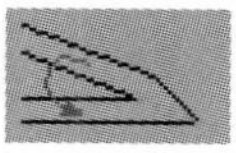	前段对称	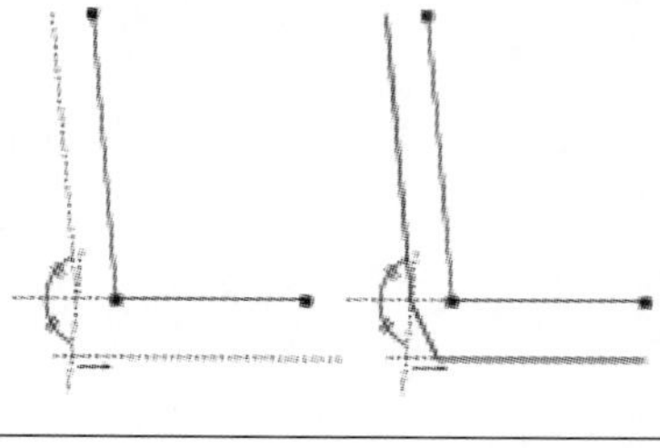
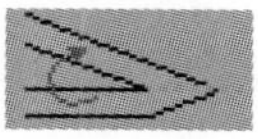	后段对称	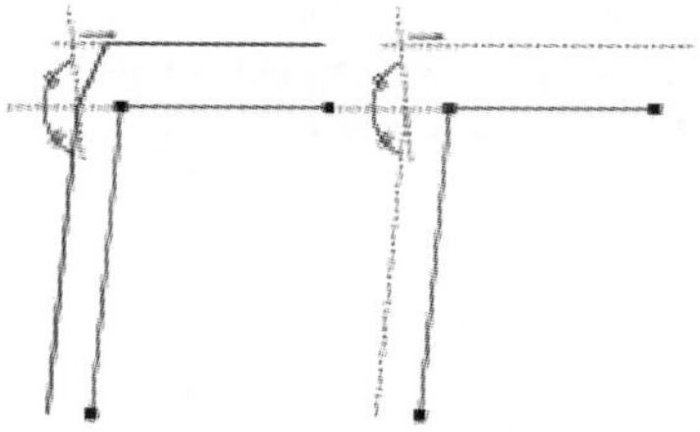
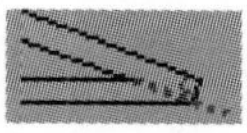	前段垂直	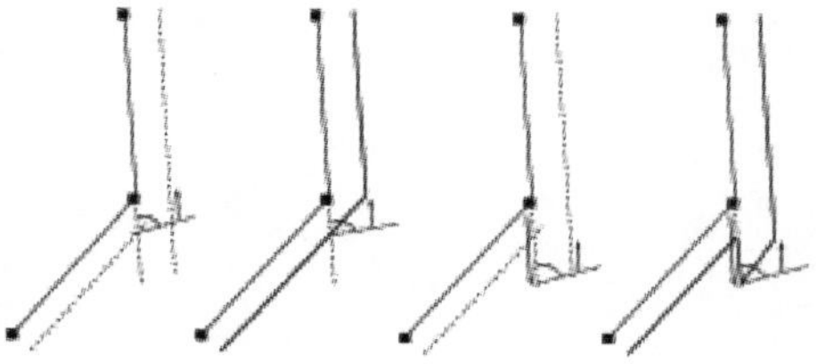

图标	名称	示意图
	后段垂直	
	前一个变化直角	
	下一个变化直角	
	前后缝份	
	前段缝份	
	后段缝份	

续表

图标	名称	示意图
	裂角切角	

使用【切角工具】修改切角的操作步骤：在【切角工具】对话框内，勾选目标使用切角工具；单击【切角工具】；单击做切角的角点。

21. **加缝份点** 【加缝份点】是用来修改裁片缝份的切角。使用方法和【切角工具】相同，只是【加缝份点】是修改裁片的缝份角，【切角工具】是修改平面图的缝份角。

22. **输入切角** 【输入切角】是把一条线上的一个或多个缝份切角复制到另一条线上，可以在不同裁片上复制。操作步骤：单击【输入切角】，单击参考线的两个端点，然后单击被复制线条的两个端点。

23. **交换裁片资料** 【交换裁片资料】是用来交换两个裁片资料框内的所有内容。操作步骤：按Ctrl键+U键显示资料框；单击【交换裁片资料】按钮；单击第一个工作页；单击第二个工作页。

24. **交换裁片名称** 【交换裁片名称】仅交换裁片的名称，操作方法和【交换裁片资料】相同。

25. **圆洞** 【圆洞】是在裁片上绘制悬挂洞点。此位置在裁剪裁片时会被镂空。操作步骤：单击工具按钮后，直接单击要打圆洞的位置即可（可以没有点）。

（五）衍生裁片、褶子、CAM 功能

按键盘上的F5键或者单击【工具选项栏】中的【F5】按钮，在工具显示栏显示衍生裁片、褶子、CAM 工具按钮。

1. **轴线切割** 【轴线切割】是沿着一条轴线切割裁片。操作步骤：单击【轴线切割】；在裁片内部单击或者在裁片内参考点单击，出现一条水平轴线，按Q、W、A和S键可以调整轴线的角度或者按↓方向键进入数据输入框，输入数据后按Enter键；单击左键结束。

分割以后会在保留裁片的基础上，分割出两个新的小片。如果不想保留原片，单击工具按钮后，按住Shift键，确定轴线位置后，单击左键，出现一条牵引线，此时再单击一下左键分割。

2. **两点切割** 【两点切割】也是用来切割裁片的工具。操作步骤：用鼠标

左键依次单击两点，以这两点决定的直线分割裁片。如果不想保留原片，选工具后，按住 Shift 键，依次单击两个参考点后，出现一条牵引线，此时再单击一下左键切割。

3. 选线切割 【选线切割】是沿着裁片内已有的内部线条分割裁片。操作步骤：选工具后，单击分割线即可分割。如果不想保留原片，选工具后，按住 Shift 键不要放开，单击分割线后，出现一条牵引线，此时再单击一下左键，如图 4-37 所示。

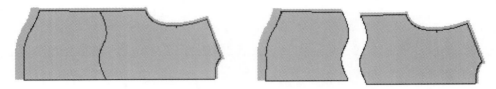

图 4-37　选线切割

4. 联结裁片 【联结裁片】是通过选择连接线的两点，将两个裁片连接成一片。操作步骤：

（1）单击【联结裁片】按钮右上角的小三角，打开【联结裁片】对话框，勾选目标联结裁片类型。

（2）单击【联结裁片】，在要连接的裁片上依次单击连接线的两个端点。单击第二点时，如果按住左键不松开，出现粗白线，按空格键可以切换连接线，选择完毕后，松开左键，移动鼠标，裁片会随着鼠标移动。

（3）依次单击被连接裁片上的对应连接线上的对应参考点，完成联结。

如果选择工具后，按住 Shift 键，则不保留连接前的裁片，并且在连接后的裁片上会显示连接线。

5. 两点对称 【两点对称】是以两点决定的对称轴对称展开裁片。操作方法：选工具后，鼠标左键依次单击两点即可。如果选择工具后按住 Shift 键，则不保留展开前的裁片。另外，单击工具图标右上角的小三角打开设置对话框，如果勾选【对称裁片】，则对称部分不能单独操作，会随着原裁片部分的修改而修改。

6. 建立褶子 【建立褶子】用来开工形褶。操作步骤：

（1）单击工具按钮右上角的小三角，打开【折叠选项】对话框，单击【褶子剪口】，在打开的对话框内选择合适的剪口类型，选择方法同【F2】中的【剪口】工具。

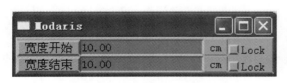

图 4-38　数据输入

（2）单击【建立褶子】，单击打开褶线上的第一个参考点，移动鼠标，出现牵引线，单击打开褶线上的第二个参考点，此时弹出对话框，如图 4-38 所示。

（3）牵引线自动跳到第一个参考点处，此时单击左键指定褶底宽度，或者按 ↓ 方向键进入数据对话框，在【宽度开始】框内输入褶底宽度后，单击 Enter 键（对话框不消失），单击一下左键。如图 4-39 所示。

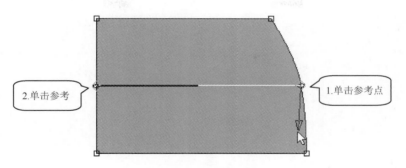

图 4-39　决定褶底宽度

（4）鼠标牵引线自动跳到第二个参考点处，如图 4-40 所示，向外拖动，单击指定褶顶开褶量，或者按 ↓ 方向键进入对话框，在【宽度结束】框内输入褶顶宽度后，单击 Enter 键（对话框不消失）。

（5）单击一下左键，开出工形褶。开褶后的裁片会出现在新的工作页上，能看到褶量，工作页自动出现在工作区中心位置。如图 4-41 所示。

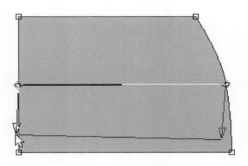

图 4-40　决定褶顶宽度

选工具后，按住 Shift 键操作，将不保留原裁片。

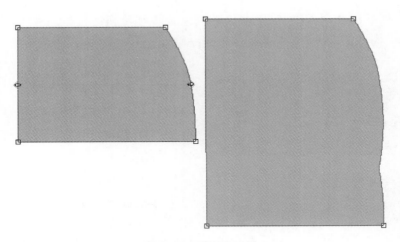

图 4-41　绘制工形褶

7.　建立高阶褶子　【建立高阶褶子】用来开工形褶或类似的褶子。操作方法与【建立褶子】工具相同。不同之处在于，用【建立高阶褶子】工具建立的褶子不显示在裁片上，只有通过按下状态栏上的【裁剪部分】按钮才可以看到。如图 4-42 所示。

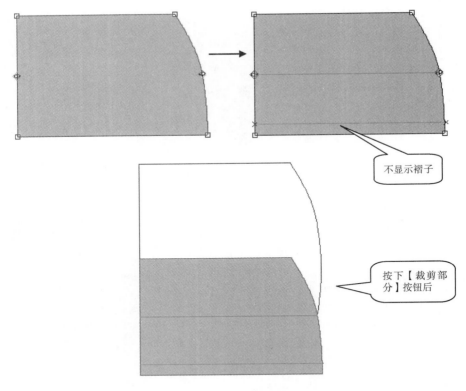

图 4-42　建立高阶褶子

8. 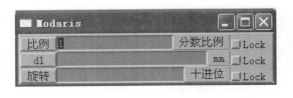【褶子转移】用来将边省转移至新的位置。选工具后，如按住 Shift 键操作，褶子转移后将不保留原裁片。操作步骤：

（1）单击【褶子转移】，单击省尖。

（2）依次单击省宽两点。单击顺序根据要转移的方向而定，如果省道要向右边转移，就按顺时针方向单击省宽两点，反之则按逆时针方向单击省宽两点。

（3）单击要转移的目标点，弹出对话框，如图 4-43 所示，按 ↓ 方向键，进入对话框，在【比例】输入框内输入要转移的省道比例（或输入转移宽度 "dl" 或者角度 "旋转"），按 Enter 键确认。

9. 褶子缝合 【褶子缝合】用来将裁片上的省道转成普通的裁片边界。操作方法：选择工具后，依次单击省尖、省宽两点即可，省宽两点的点击次序根据工艺需要即缝合后褶山的压倒方向来决定。

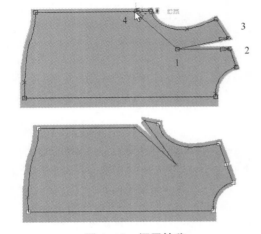

图 4-43　褶子转移

10. **更改褶子的剪口** 【更改褶子的剪口】用来更改褶子的剪口类型。操作步骤：单击工具按钮右上角小三角，进入剪口设置对话框，设置剪口、记号类型和褶子缝合记号；单击【更改褶子的剪口】；单击工作页上的剪口即可完成更改。

（六）测量、组合、成衣

按键盘上的 F8 键或者单击【工具选项栏】中的【F8】，在工具显示栏显示测量、组合、成衣各项工具按钮。

1. 测量

（1）试算表：试算表是显示、操作【测量】选项中其他测量工具测量结果的表格。单击【试算表】，即可打开试算表对话框，如图 4-44 所示。要看到和操作测量结果，需要了解试算表菜单和如何按需要配置试算表。

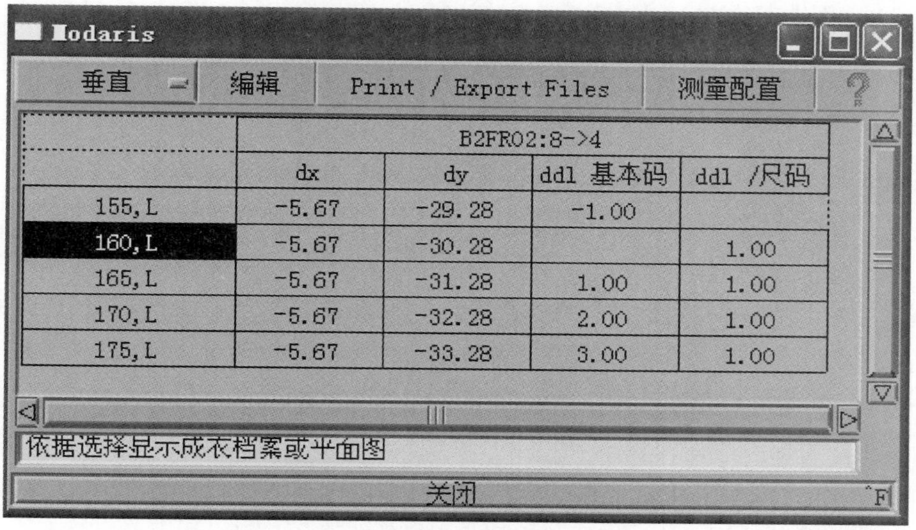

图 4-44 试算表

测量表内的各项菜单的含义如下：

① ：打勾选择测量数据按水平还是垂直方式放置。

②【编辑】菜单包含的子菜单及其含义如下：

【编辑】：测量时系统会自动给测量的每段线命名，用户可以使用编辑工具修改其名称，勾选【编辑】，在表中单击线段的名称，即可编辑名称。

【删除选择】：勾选后，鼠标左键单击不要的行、列，即可删除。

【累积】：计算数据总和。

【空白】：清空计算表内所有的资料。

③【打印/导出文件】菜单包含的子菜单及其含义如下：

【列印】：打印出计算表内的资料。

【文字档案】：将计算表内的资料存储为文字档案格式。

【输出累积档案】：将计算表内的数值总和资料存储为文字档案格式。

④【测量配置】菜单包含的子菜单及其含义如下：

【长度】：显示两点之间造型线本身的长度数据。

【dx】：显示两点水平方向测量数据。

【dy】：显示两点垂直测量数据。

【dl】：显示两点直线距离数据。

【ddl】基本码：显示各尺码相对基本码的放码资料。

【ddl】尺码：显示各尺码之间的放码资料。

【实样】：以实样为量度准则。

【裁片】：以裁片为量度准则。

【实样 / 裁片】：同时以实样及裁片为量度准则。

【尺码数量】：设定显示尺码数量，默认为 50，实际使用时一般不会超过 50，所以无需改动。

利用试算表菜单将试算表的显示方式、内容等配置好，以备测量使用。

（2）▭ 长度：【长度】用来测量两点之间的直线距离、线段长度、X 轴方向的距离和 Y 轴方向的距离。【长度】最大只能测量至端点，即每次最多测量一根线，如需要知道两线以上的长度和，需测两次以上，用【累积】求和。操作方法：单击【试算表】打开试算表；单击【长度】；单击起点，单击终点，测量数据按试算表的配置显示在试算表内。

（3）▭ 缝线长度：【缝线长度】用来测量两点之间的缝线和裁剪线的长度。操作步骤：单击【试算表】按钮打开试算表；单击【缝线长度】；单击起点，单击终点，测量数据按试算表的配置显示在试算表内。

（4）▭ 面积：【面积】用来测量裁片和实样的面积。操作步骤：单击【试算表】打开试算表；单击【面积】；单击裁片或者实样，测量数据按试算表的配置显示在试算表内。

（5）▭ 周长：【周长】用来测量裁片或实样的缝线和裁剪线的周长。单击【试算表】打开试算表，单击【周长】；单击裁片，测量数据按试算表的配置显示在试算表内。

（6）▭ 角度：【角度】用来测量角度。单击【试算表】打开试算表，单击【角度】，分别单击测量角的两条边，测量数据按试算表的配置显示在试算表内。

2. *动态尺码*

（1）▭ 测量长度：【测量长度】用来测量两点之间的线段长度、直线距离、X 轴方向的距离和 Y 轴方向的距离。操作步骤：

①设置在屏幕上显示测量值，下拉菜单【显示】/【隐藏尺码】取消勾选；勾选【显示相关尺码】，若未勾选，则只显示线段长度。

②单击【测量长度】按钮右上角小三角，弹出对话框，如图 4-45 所示，在【添加到测量表】上打勾，测量结果将自动进入测量表，如果同时在【名称测量结果】上打勾，则测量时需要在弹出的对话框内对测量结果命名，命名测量结果会进入测量表。

③单击【测量长度】。点到点测量：单击第一个参考点，按空格键切换方向，单击另

一参考点，测量的线条不能跨越端点；线条测量：直接单击线条，然后在裁片外侧单击一下，即可显示尺寸，如图 4-45 所示。

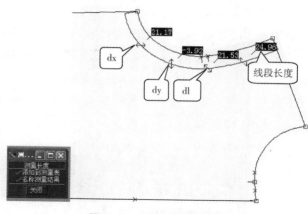

图 4-45　测量长度示意图

屏幕显示可以通过菜单控制其显示与否，方法见步骤①。如果修改测量过的线条，屏幕显示的测量值和测量表内的测量值都会自动跟随调整，这也是【动态尺码】与【测量】工具的主要区别。

（2）　　　　　　　创建测量表：

【创建测量表】用来为款式系列创建测量表。操作步骤：

①单击【创建测量表】。

②单击【款式系列】工作页，则在【图表管理器】内款式目录下生成测量表文件；如果单击【成衣】工作页，则在【图表管理器】内成衣目录下生成测量表文件（打开【图表管理器】可显示）。

（3）　　　　　　开启测量表：单击【开启测量表】，可以打开【图表管理器】，如图 4-46 所示。

在【图表管理器】内生成测量表有三种情况：一是使用【测量长度】工具进行过测量，在左侧的目录中就会自动生成测量表，双击测量表名称就可以在右侧打开数据表；二是使用【创建测量表】工具创

图 4-46　【图表管理器】对话框

建过测量表也会在相应的目录下生成测量表文件（参见【创建测量表】工具）；三是在【图表管理器】内右键单击款式系列（或者成衣目录）目录，通过快捷菜单可以创建、删除该目录下的一组测量表。

与测量表有关的操作如下：

①查看测量数据：在测量表名字上双击，可以在右侧打开测量表内容，查看测量数据。

②更改测量表的名称：在测量表名称上右键单击，在快捷菜单中选择【Rename】，测量表名称即显示编辑状态，输入新的名称（可以使用中文），输入完毕后，在空白处单击一下鼠标左键。通过右键单击测量表名称产生的快捷菜单，还可以复制、移动和删除测量表，如图4-47所示。

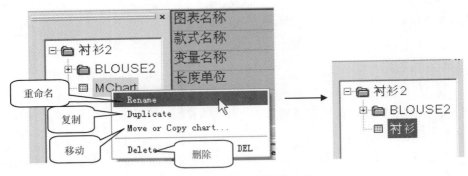

图 4-47 更改测量表的名称

（4）选择不同尺码测量值：【选择不同尺码测量值】用来显示选定尺码的测量表。操作步骤：

①按Ctrl + U键显示资料框；单击【选择】,在尺码资料框内选择要显示测量值的尺码，按住Shift键可多选。

②单击【选择不同尺码测量值】；单击【开启测量表】，打开【图表管理器】，在测量表内只显示选定尺码的测量数据。

3. 组合

（1）叠点：【叠点】用来将工作页透明的重叠在一起，裁片不透明。操作步骤：选择工具后，依次单击要重叠的工作页即可。按8键（或者下拉菜单【工作页】/【显示全部】）分开重叠的工作页。

（2）一点联结：【一点联结】是将裁片在一点上联结在一起，联结后，联结裁片透明。操作步骤为：

①单击【一点联结】，单击第一个联结裁片上的联结点。

②单击第二个被联结裁片上的联结点。若单击时按住Shift键，第一个裁片将水平翻转后和第二个裁片在联结点联结。

【一点联结】功能主要是配合【旋转裁片】、【沿线转动】功能使用。

分开一点联结裁片的方法：一,单击【分开结合】然后单击联结的裁片（透明的裁片），即可分开联结的裁片；二，关闭款式系列文件然后重新打开，联结会自动解除。

（3）两点联结：【两点联结】是按照两点来联结裁片。操作步骤：单击【两点联结】；单击要联结裁片上的两个联结点；依次单击第二个被联结裁片上的两个联结点。

若单击时按住 Shift 键，第一个裁片将水平翻转后和第二个裁片在联结点联结。

分开两点联结裁片方法同分开一点联结裁片。

（4） 选择联结：【选择联结】用来选择已联结的裁片（透明裁片）。操作方法：左键在联结裁片上单击即可，选中的裁片会显示边界线，按住 Shift 键单击可以选择多个联结片。【选择联结】主要是配合【结合联结】工具使用的，如图 4-48 所示。

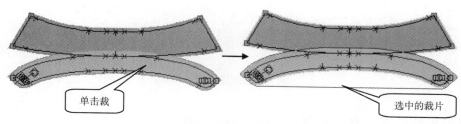

单击裁

选中的裁片

图 4-48 选择联结

（5） 结合联结：

在使用【选择联结】工具选择裁片之后，单击【结合联结】，将选择的裁片联结在一起。单击【解开联结】，可以解除联结。

（6） 移联结片：

【移联结片】是用来移动已联结或者使用【结合联结】功能结合的联结片。操作方法：选工具后，单击联结片，移动鼠标，使用 Q、W、A 和 S 键旋转角度，X 键上下翻转、Y 键左右翻转，在目标点单击结束或者按 ↓ 方向键进入数据框，输入移动数据后，单击左键结束。

（7） 旋转裁片：

【旋转裁片】用来旋转已经联结的裁片。配合【一点联结】、【两点联结】使用。操作步骤：

①裁片一点联结或者两点联结后，单击【旋转裁片】。

②单击已联结的透明裁片上的点，移动鼠标可以以联结点为中心旋转透明裁片（如果是【两点联结】裁片，则以第一个联结点为中心），按 Q、W、A 和 S 键可旋转角度，X 键上下翻转、Y 键左右翻转，在目标点单击或者按 ↓ 方向键进入数据框，输入旋转数据后，单击左键结束。

（8） 沿线转动：

【沿线转动】可以使裁片沿车缝线转动已经联结的裁片。用于裁片检查。要配合【一点联结】、【两点联结】、【旋转裁片】、【移动联结】、【分开联结】等工具使用。操作步骤：

①将裁片在合适的位置联结；单击【沿线转动】。

②单击联结点；沿线移动鼠标，转动裁片。

③右键单击结束转动，如图 4-49 所示。

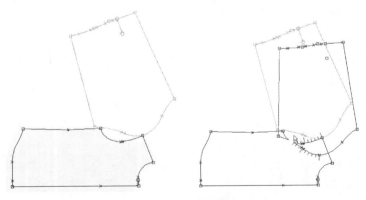

图 4-49　沿线转动

三、常用下拉菜单和基本操作

设计纸样时，除了掌握工具箱中工具的使用方法外，还要掌握一些常用的菜单和基本操作，以达到事半功倍的效果。

（一）常用菜单

常用的菜单包括【档案】、【编辑】、【工作页】、【配置】、【参数】等菜单。

1.【档案】　菜单包括的内容及其含义如下：

（1）【新款式系列】：建立一个新款式来输入纸样。

（2）【开启款式系列】：打开在已储存的旧档案。

（3）【储存】：以相同的名称把更改过的款式资料更新在默认路径下。

（4）【储存为】：把当前操作的款式资料储存成另一套新款式，并可选择不同路径。

（5）【访问路径】：设定资料库默认储存路径。

2.【编辑】　菜单包括内容及其含义如下：

（1）【编辑】：修改工作页名称、注解、点名称等。

（2）【更改名称】：修改工作页整串名称。

（3）【参考文字名称】：设定或者检查参考文字轴线名称。

（4）【还原】：依次还原前次动作，可使用快捷键 Ctrl + Z 键。

（5）【重做】：依次回退还原的前次动作，可使用快捷键 Ctrl + W 键。

3.【工作页】　菜单包括内容及 其含义如下：

（1）【新工作页】：建立一个新的工作页。

（2）【删除】：快捷键 Z 键选功能后，鼠标呈 形状，单击要删除的工作页即可。

（3）【选取工作页】：选择所需要的工作页，可使用快捷键 i 键，鼠标呈 形，左键开始，右键单击最后一个要选择的工作页结束选择。

（4）【编排全部】：将桌面上的全部纸样排列整齐。

（5）【放中】：把工作页放在画面中央，可使用快捷键 $\boxed{\text{Home}}$ 键。

（6）【选择性呈现】：只显示所选的工作页，配合 $\boxed{\text{i}}$ 键使用，可使用快捷键 $\boxed{7}$ 键。

（7）【显示全部】：显示所有工作页，可使用快捷键 $\boxed{8}$ 键。

4.【配置】 菜单中常用【图像 / 文字】子菜单：勾选以图像或文字方式显示按钮图标。

5.【参数】 根据【参数】菜单设置各种参数。常用【长度单位】子菜单：选择量度 / 放码单位。

（二）常用基本操作

除了绘图之外，常用的基本操作包括：放大功能、操作工作页和修改裁片名称资料等。

1.**放大功能** 合理的使用视图缩放以方便绘图。除了通过工作页操作来调整视图外，常用的视图操作就是窗口的放大功能，其操作方法为：按键盘上的按 $\boxed{\text{Enter}}$ 键，也可按工具选择栏的【Delete】，鼠标变成放大镜形状；用鼠标拖框放大部分内容。

要恢复正常状态，按 $\boxed{\text{Home}}$ 键可居中放大工作页，也可按【选择】（快捷键 $\boxed{\text{S}}$）使鼠标恢复正常状态。

另外按工具选择栏上的【—>】放大视图，按【—<】缩小工作页。

2.**操作工作页** 常用的工作页操作包括：删除工作页、移动工作页和复制工作页。

（1）删除工作页：下拉菜单【工作页】/【删除工作页】或者按快捷键 $\boxed{\text{Z}}$ 键，用鼠标单击要删除的工作页。如果单击时按下 $\boxed{\text{Shift}}$ 键，可同时删除平面图部分。按【选择】按钮或者按快捷键 $\boxed{\text{S}}$ 恢复鼠标正常状态。

（2）移动工作页：下拉菜单【工作页】/【编排】或者按快捷键 $\boxed{\text{End}}$ 键，鼠标左键单击拿起工作页至目的单击放下工作页。

（3）复制工作页：下拉菜单【工作页】/【复制】或者按快捷键 $\boxed{\text{Ctrl}}$ + $\boxed{\text{C}}$ 键，左键按住要复制的工作页移动至目的地松开鼠标，即可复制出工作页。

3.**修改裁片名称、资料** 每次新建工作页或者复制了新的工作页后，系统会自动给裁片命名，当然也可以按自己的需要修改裁片的名称和资料，修改方法如下：

（1）首先按 $\boxed{\text{Ctrl}}$ + $\boxed{\text{U}}$ 键显示资料框；然后下拉菜单【编辑】/【编辑】打勾。

（2）在资料框内要修改的位置单击鼠标出现光标；输入文字后，右键单击结束输入。

四、数据的输出和导入

如果在一个服装 CAD 软件上绘制的纸样在另一个服装 CAD 软件上也能读出、修改和使用，无疑可以大大节约人力、物力和财力。力克 Modaris 中集成了数据转换工具，可以将 Modaris 创建的数据转换成一些通用格式，同时也可以读入通用格式的数据，增强了不同软件之间的数据交流能力。Modaris 可以导出的文件格式见表 4-5。Modaris 可以导入的文件格式见表 4-6。

表 4-5　Modaris 导出文件格式

类　别	使 用 范 围	生成文件格式
AAMA	用于除日本系统外的所有主要 CAD 系统的标准格式	DXF、RUL
TIIP	Ex JWCA，用于亚洲特别是日本的标准格式	DXF、CTL
GT	Geber 格式，Accumark7 的精确格式	MOD、PCE
ASTM	用于所有主要 CAD 系统的标准格式	DXF、RUL
DXF-LUMIERE	处理鞋类产品策略的专用格式生成文件	DXF

表 4-6　Modaris 导入文件格式

类　别	使 用 范 围	导入文件格式
AAMA	用于除日本系统外的所有主要 CAD 系统的标准格式	DXF、RUL
TIIP	Ex JWCA，用于亚洲特别是日本的标准格式	DXF、CTL
GT	Geber 格式，Accumark7 的精确格式	MOD、PCE
ASTM	用于所有主要 CAD 系统的标准格式	DXF、RUL
DXF-Pattern	力克专用格式，别名为 Top CAD	DXF

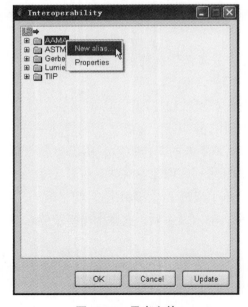

图 4-50　导出文件

（一）数据输出

下面以导出 AAMA（欧美）类型的 DXF 文件为例，讲述如何导出文件。操作步骤：

（1）创建目标文件夹。在磁盘任意位置创建一个文件夹用来存放导出文件。

（2）在 Modaris 中，打开要导出的款式系列；下拉菜单【档案】/【导出】，弹出如图 4-50 所示对话框，在 AAMA 上右键单击出现快捷菜单，选择 "New alias"（即【新建】）。

（3）弹出【New alias】对话框，如图 4-51 所示。在【Alias name】输入框内输入导出文件的名称，即别名，这里输入 "shirts"，这个名称只在导入导出时使用，不影响款式系列的名称；单击 ⟦…⟧ 按钮，弹出路径对话框，选择我们在第一步建好的路径和文件夹，单击 ⟦ OK ⟧ 按钮。

（4）在 AAMA 下生成一个带有 🐾 图标的 Shirts 树状目录，点击【+】号，可以看到生成的导出文件，如图 4-52 所示。

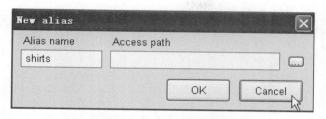

图 4-51 输入文件别名

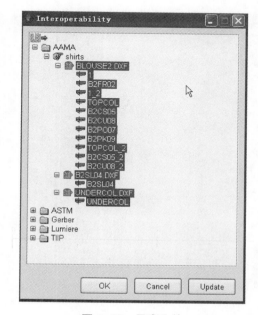

图 4-52 导出文件

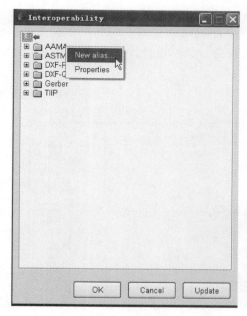

图 4-53 导入文件

（5）单击 OK 按钮，完成导出。

如果要修改别名和目标文件夹，操作步骤：

（1）下拉菜单【档案】/【导出】，重新打开导出对话框，单击【＋】号，打开树状目录。

（2）在要修改的别名上右键单击，在快捷菜单中选择【Property】（属性），再次打开【New alias】对话框。如果在右键快捷菜单中选择【Suppress】（取消）则可以删除别名，但不会删除目标文件夹。

（3）在对话框中输入新名称，并选择新的文件夹。

（二）数据输入

下面以导入上例中生成的 AAMA（欧美）类型的 DXF 文件为例，讲述如何导入文件，操作步骤：

（1）在 Modaris 中新建或者打开要导入文件的款式档案，然后下拉菜单【档案】/【输入】，弹出如图 4-53 所示对话框，在 AAMA 上右键单击出现快捷菜单，选择【新建】，图 4-53 中所示"New alias"。

（2）弹出【New alias】对话框，如图 4-54 所示。在【Alias name】输入框内输入导入后文件的名称即别名，这里输入"inputshirts"，这个名称只在导入时使用，不影响款式系列的名称；单击，弹出路径对话框，选择要导入的文件所

图 4-54 输入导入文件别名

在的路径，单击 [OK]。

（3）此时在主对话框内生成一个名为"inputshirts"的树状目录。单击【+】，打开目录，选择要导入的文件，按住 Shift 键可多选，单击 [OK]，将选中的文件导入当前款式系列中，如图 4-55 所示。

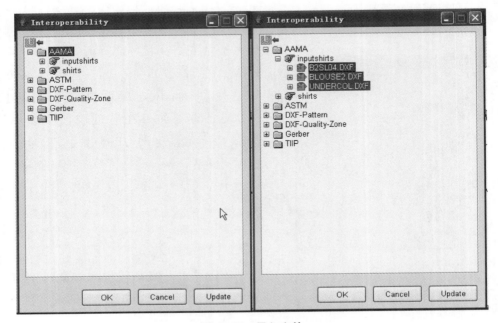

图 4-55　导入文件

五、文化式女装衣身原型纸样设计

在 ModarisV7R1 中建立女装衣身原型纸样，一方面可以初步熟悉使用 ModarisV7R1 的纸样设计技巧，另一方面也可以为习惯使用原型法进行纸样设计的操作者提供原型纸样（图 4-56）。

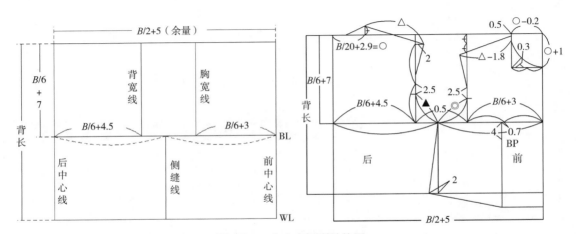

图 4-56　女上衣原型结构图

建立文化式女装衣身原型的操作步骤：

（1）准备步骤：

①双击桌面上的 Modaris 图标，进入主界面。下拉菜单【档案】/【新款式系列】，在弹出对话框中输入款式名称，这里输入"basic pattern"。注意，款式名只能输入英文字母，不能输入中文，输入后按 Enter 键，打开了空的新款式系列，如图 4-57 所示。

②建立了新款式系列，应该马上为它读入尺码表，读入尺码表以及和尺码表相关的其他操作参考下一节中内容。

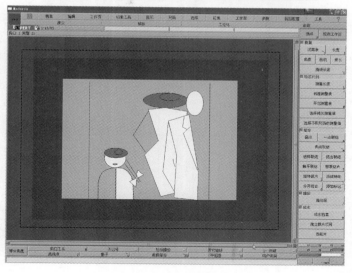

图 4-57　建立新款式档案

③在绘制纸样前，先配置一些绘图参数。下拉菜单【参数】/【长度单位】，将鼠标向右拖动，可以看到一系列绘图单位，按照绘制习惯，选中"cm"选项，如图 4-58 所示；同样的方法把角度的单位设置为"度"。

④下拉菜单【工作页】/【新工作页】，建立新的工作页，在新的工作页上就可以开始绘制纸样了。

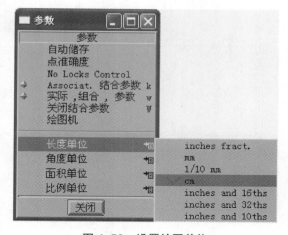

图 4-58　设置绘图单位

（2）绘制原型轮廓：单击工具选项栏上的【F3】按钮或者按 F3 键，单击【方形】工具按钮，在工作页上任意位置单击，在数据框内输入宽度"47"，高度"38"，按 Enter 键，如图 4-59 所示。

（3）绘制袖窿深线、胸宽线和背宽线：按 F1 键，单击【平行线】，单击矩形上边线 AB，向下移动鼠标，按 ↓ 方向键，进入输入框，输入距离"21"，按 Enter 键，即可绘制出袖窿深线 CD；单击左边线 AC，输入"18.5"按 Enter 键完成背宽线；单击右边线 BD，输入"17"，按 Enter 键完成胸宽线，如图 4-60 所示。

（4）调整胸宽线和背宽线：单击工具选项栏上的

图 4-59　绘制原型轮廓线

【F3】；单击【调整两线段】，单击胸宽线要保留的部分，单击胸围线；单击背宽线要保留的部分，单击胸围线，如图 4-61 所示。

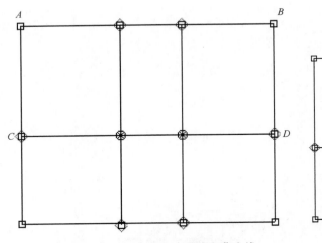

图 4-60　绘制胸围线、胸宽线和背宽线

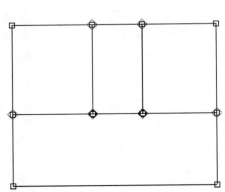

图 4-61　调整胸宽线和背宽线

（5）绘制后领窝：

①按 F1 键，单击【定距点】，单击图 4-62 中左上角 A 点作参考点，按空格键切换至沿水平方向，进入数据框，输入横开领量 "7.1"，按 Enter 键。单击确认，绘制出定距点 B 点。

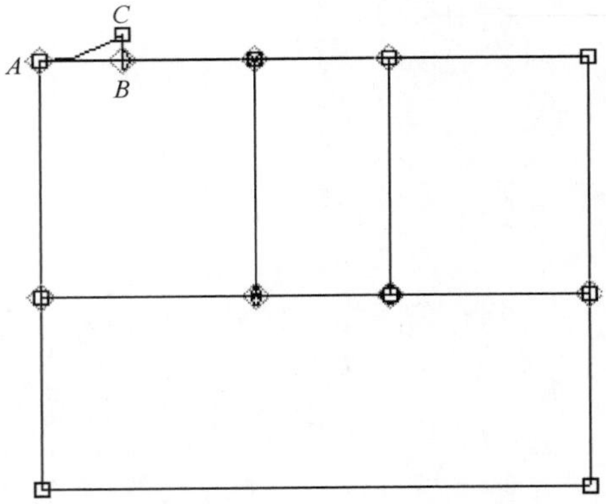

②单击【直线】，单击定距点 B 点作为参考点，输入长度 dx "0"，dy "2.4"，按 Enter 键，绘出线段 BC。

③单击【切线弧线】，单击颈侧点 C 点，按住 Shift 键，单击一个中间点，右键单击后颈点 A 点结束，后领窝绘制完成。如图 4-62 所示。

图 4-62　绘制后领窝

（6）绘制后肩线：

①按 F1 键，单击【相关内点】，单击背宽线和上平线交点 D 作参考点，进入数据框，输入数据 dx "2"，dy "-2.4"，按 Enter 键，加肩端点 E。

②单击【直线】，连接颈侧点 C 和肩端点 E，肩线绘制完成；继续使用【直线】工具，单击肩端点，按住 Ctrl 键向左绘制水平线与背宽线相交于 F 点为止，如图 4-63 所示。

（7）绘制后袖窿弧线：

①按键盘上的 F1 键，单击【外部分段】，将背宽线 FK 二等分，等分点为图 4-153（a）中 H 点，

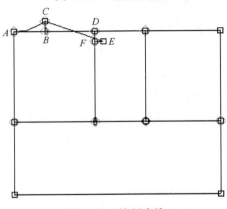

图 4-63　绘制肩线

将袖窿深线二等分，等分点为 I 点。

②单击【相关内点】，单击图 4-64（a）中所示 K 点，输入数据 dl "3.0"，旋转角 "45"，按 Enter 键，加窿门控制点 M 点。

③单击【切线弧线】，单击肩端点 E，按住 Shift 键，单击背宽线中点 H、窿门控制点 M，右键单击胸围线二等分点 I 结束。

④单击【直线】，单击 I 点，向下移动至于底边相交于 N 点单击。

⑤按键盘上的 F3 键，单击【移动点】，单击 N 点，进入数据框，输入 dx 量 "–2"，按 Enter 键，偏移直线，如图 4-64（b）所示。

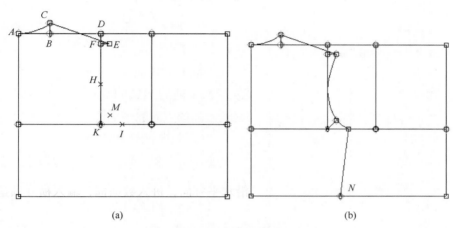

图 4-64 绘制后袖窿弧线

（8）绘制前领窝：

①按 F1 键，单击【定距点】，单击矩形的右上角点为参考点，按空格键切换方向，输入横开领量 "6.9" 后，按 Enter 键，单击确认加点 A，如图 4-65 所示；仍然单击矩形的右上角点为参考点，按空格键切换方向，输入直开领量 "–8.1"，单击确认加点 B。

②单击【直线】，单击点 A，向下绘制一段线段，端点 C，连接 C 点与 B 点。

③单击【两点对齐】，单击 A 点作参考点，单击 C 点，将 C 点与 A 点在 Y 轴方向上对齐；单击 B 点作参考点，单击 C 点，将 C 点与 B 点在 X 轴方向上对齐。

④单击【直线】，单击 C 点，按 ↓ 方向键，进入数据框，输入 dl 值 "3.15"、旋转 "45" 后，按 Enter 键，得到 D 点。

⑤单击【定距点】，单击 A 点作参考点，输入 "0.5" 后，按 Enter 键，按空格键切换方向，单击确认加点 E。

⑥单击【切线弧线】，单击 E 点，按住 Shift 键单击 D 点，右键单击 B 点结束。前领窝绘制完成。

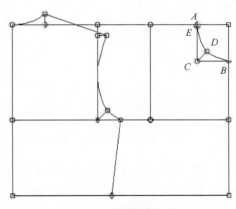

图 4-65 绘制前领窝

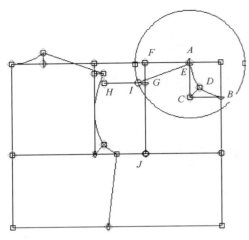

图 4-66 绘制前肩线

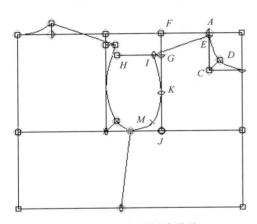

图 4-67 绘制前袖窿曲线

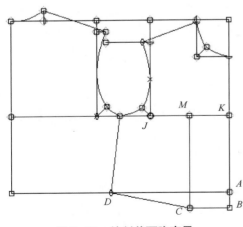

图 4-68 绘制前面胸高量

（9）绘制前肩线：

①按 F1 键，单击【定距点】，单击图 4-66 所示 F 点作参考点，输入前片落肩量 "-4.7"，按 Enter 键，按空格键切换方向使其沿着胸宽线，单击确认加点 G。

②单击【直线】，单击 G 点，按住 Ctrl 键，水平向左作一段线段 GH。

③按键盘上的 F2 键，单击【圆形】，单击 E 点作为圆心，按 ↓ 方向键进入数据框，输入直径 "24.8"，按 Enter 键，绘制的圆与直线 GH 交于 I 点。

④单击工具选项栏上的【F1】，单击【直线】，连接 EI，前肩线绘制完成。按 Delete 键，单击圆及上面的点删除辅助圆。

（10）绘制前袖窿弧线：

①按 F1 键，单击【外部分段】，将胸宽线 GJ 二等分，等分点为 K 点，如图 4-67 所示。

②单击【相关内点】，单击图 4-67 所示 J 点，输入数据 dl "2.5"，旋转角 "135"，按 Enter 键，加点 M。

③单击【切线弧线】，单击前肩端点 I，按住 Shift 键，单击胸宽线中点 K、窿门控制点 M，右键单击胸围线二等分点结束，前袖窿弧线绘制完成。

（11）绘制前片胸高量：

①按 F1 键，单击【直线】，单击图 4-68 所示 A 点作为参考点，输入长度 dx "0"，dy 值 "-3.45"，点击 Enter 键，仍用【直线】工具，单击 B 点，按住 Ctrl 键，向左作水平线 BC。

②单击【外部分段】，将胸围线 JK 部分二等分，等分点为 M 点。

③单击【直线】，单击图 4-68 示 M 点、C 点，连接 MC。

④单击【两点对齐】，单击 M 点作参考点，单击 C 点，将 C 点与 M 点在 Y 轴方向上对齐。

⑤单击【直线】，连接 CD。

（12）绘制后片肩省：

①按 F1 键，单击【定距点】，单击后片颈侧点 A 点作参考点，如图 4-69（a）所示，进入数据框，输入"4"，按 Enter 键，按空格键切换方向使其沿着肩线，单击确认加点 B；单击 B 点作参考点，按空格键切换方向使其沿着肩线，进入数据框输入"1.5"，按 Enter 键，单击确认加点 C。

②单击【外部分段】，将 BC 二等分，等分点为 D 点。

③按 F2 键，单击【两点旋转】按钮，单击后片颈侧点 A、后片肩端点 E，将工作页以后片肩线方向为水平向放置，如图 4-69（a）所示。

④按 F1 键，单击【相关内点】，单击省宽中点 D 点，进入数据框输入数据 dx "0"、dy "7"，单击 Enter 键，加省尖点 F。

⑤单击【直线】，连接 BF、CF，肩省完成。

⑥按 F2 键，单击【两点旋转】，单击袖窿深线上两点，将图形放正。如图 4-69（b）所示。

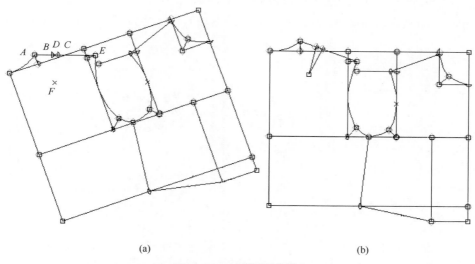

(a)   (b)

图 4-69　绘制后片肩省

（13）绘制前片腰省：

①首先，计算出前片腰省量为 8cm。单击工具选项栏的【F1】，单击【定距点】，单击如图 4-70 所示 M 点作参考点，按空格键切换方向至加 BP 点方向，进入数据框，输入"-4"，单击 Enter 键，单击左键确认加点 BP；单击图 4-70 所示 C 点作为参考点，按空格键切换方向至水平正方向，进入数据框输入"1.5"，单击 Enter 键，单击左键确认加点 E；仍然单击 C 点作为参考点，按空格键切换方向至 CD 方向，进入数据框输入"-6.5"，单击 Enter 键，单击左键确认加点 F。

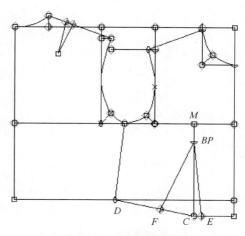

图 4-70　绘制前片腰省

②单击【直线】，连接 BP 点和 E 点，连接 BP 点和 F 点，前片腰省完成。

（14）绘制后片腰省：计算出后片腰省量为 6cm。

①单击工具选项栏的【F1】，单击【外部分段】，将图 4-71（a）所示线段 AB 二等分，等分点为 C 点。

②单击【相关内点】，单击 C 点作参考点，进入数据框，输入数据 dx 值 "0"、dy 值 "3"，按 Enter 键，加省尖点 D 点；仍用【相关内点】工具，在后片底边线上任意位置单击两次，加点 E。

③单击【两点对齐】按钮，单击 C 点作参考点，单击 E 点，将 E 点与 C 点在 Y 轴方向上对齐。

④单击【定距点】，单击 E 点作参考点，进入数据框输入 "3"，按 Enter 键，单击左键确认加点 G；单击 E 点作参考点，按空格键切换至左侧水平线，进入数据框输入 "–3"，按 Enter 键，单击左键确认加点 F，如图 4-71（a）所示。

⑤单击【直线】，分别连接 D 点和 F 点、D 点和 G 点，后片腰省完成，如图 4-71（b）所示。

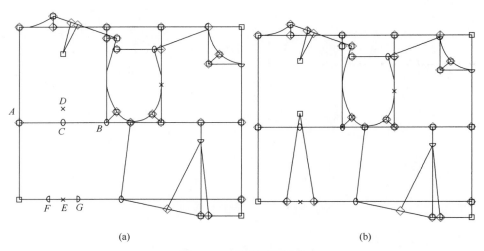

（a）　　　　　　　　　　　　　　　　（b）

图 4-71　绘制后片腰省

（15）绘制袖原型的准备工作：

①首先测量前、后袖窿曲线长度。单击工具选项栏上的【F8】，单击【测量长度】，单击后袖窿曲线的两个端点，显示长度为 20.72cm；同样测量出前袖窿弧线的长度 20.11cm。

②下拉菜单【工作页】/【新工作页】，建立新的工作页，在新的工作页上绘制袖原型纸样。

（16）绘制袖子基础线：

①按 F1 键，单击【直线】，在新工作页上任意点单击，进入数据框输入 dx 值 "0"、dy 值 "–54"，按 Enter 键，绘制出袖中线 AB，如图 4-72 所示。

②单击【定距点】，单击 A 点作参考点，按空格键切换方向至袖中线，进入数据框输

入"–12.7"（袖山高量），按 Enter 键，单击左键确认加点 C。

③单击【直线】，单击 C 点，按住 Ctrl 键，向右绘制一条长的线段 CE、向左绘制一条长的线段 CD。

（17）绘制袖山斜线：

①按 F2 键，单击【圆形】，单击 A 点作圆心，进入数据框输入直径"40.24"，点击 Enter 键，绘制的圆与 CE 交于 F 点；仍单击 A 点作圆心，进入数据框，输入直径"45.5"，点击 Enter 键，绘制的圆与 CD 交于 G 点，如图 4–73 所示。

②单击【直线】，连接 AF、AG。按 Delete 键，删除两个辅助圆。

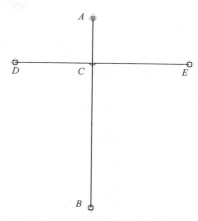

图 4–72　绘制袖子基础线

（18）绘制前袖山曲线：

①按 F2 键，单击【两点旋转】，单击前袖山斜线的两个端点 A 点、B 点，将图形以 AB 线为水平方向放置，如图 4–74（a）所示。

②按 F2 键，单击【外部分段】，将线段 AB 四等分，等分点为 E、D 和 G，如图 4–74（a）所示。

③单击【相关内点】，单击 E 点作参考点，进入数据框输入数据 dx 值"0"、dy 值"1.8"，按 Enter 键，加 F 点；仍用【相关内点】，单击 C 点为参考点，进入数据框输入数据 dx 值"0"、dy 值"–1.3"，按 Enter 键，加 G 点。

④单击【定距点】，单击 D 点作参考点，按空格键切换方向至沿着 DB 方向，进入数据框输入"1"，点击 Enter 键，单击左键确认加点 H。

⑤单击【切线圆弧】，单击袖山顶点 A 点，按住 Shift 键单击 F、H 和 G 点，右键单击 B 点结束。

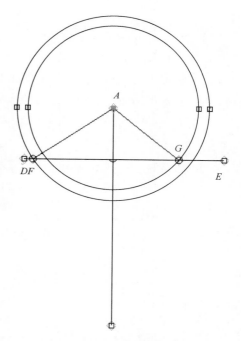

图 4–73　绘制袖山斜线

⑥如果曲线造型不满意，按下状态栏上【曲线点】，显示曲线点。单击【加点】，在要加点的曲线上单击一点作为参考点，移动鼠标，出现牵引线。按住 Shift 键在曲线上要加点的位置单击加曲线点。然后，按 F3 键，单击【移动点】，移动曲线点使造型达到满意的效果。前袖山曲线绘制完成，如图 4–74（b）所示。

（19）绘制后袖山曲线：

①按 F2 键，单击【两点旋转】，单击后袖山斜线的两个端点 A、B，将图形以 AB 线为水平方向放置，如图 4–75（a）所示。

②按 F2 键，单击【定距点】，单击 A 点作参考点，按空格键切换方向至沿着后袖山斜线 AB 方向，进入数据框，输入"5.03"，单击 Enter 键，单击左键确认加点 C。

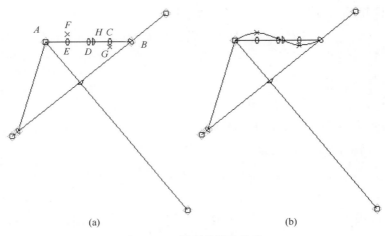

（a）   （b）

图 4-74　绘制前袖山曲线

③单击【相关内点】，单击 C 点作参考点，进入数据框输入数据 dx 值 "0"、dy 值 "1.5"，单击 Enter 键，加 D 点。

④单击【切线弧线】，单击袖山顶点 A 点，按住 Shift 键，单击 D 点、一个中间点，右键单击 B 点结束。后袖山曲线绘制完成。

⑤按 F2 键，单击【两点旋转】，单击袖窿深线上的两点，将图形放正，如图 4-75（b）所示。

⑥如果曲线造型不满意，按照修改前袖山曲线的方法修改曲线造型至满意。

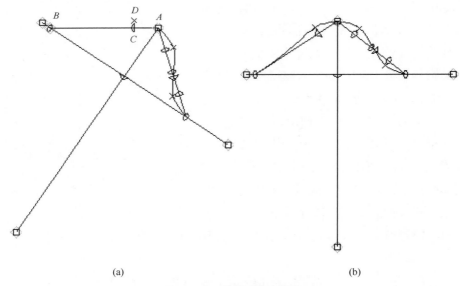

（a）   （b）

图 4-75　绘制后袖山曲线

（20）绘制袖口：

①切换到【F1】工具栏，单击【直线】，单击图 4-76（a）所示 B 点，向右绘制一段线段 BC；向左绘制一段线段 BD；连接 FD、EC。

②单击【两点对齐】，单击 *B* 作参考点，单击点 *C*，使点 *C* 与 *B* 在水平方向上对齐；同样使点 *D* 与 *B* 在水平方向上对齐；同样的方法，使点 *C* 与 *E* 在垂直方向上对齐，点 *D* 与 *F* 在垂直方向上对齐，如图 4-76（b）所示，以 *C* 点为参考点在 *CE* 上加定距点 *J*，长度 1cm，同样在 *DF* 上加定距点 *K* 点。

③单击【切线弧线】，单击 *J* 点，按住 Shift 键，单击 *N* 点、*M* 点，右键单击 *K* 点结束。配合状态栏上的【曲线点】按钮和 F3 工具栏中的【移动点】工具，修改曲线造型至满意的效果，如图 4-76（c）所示。

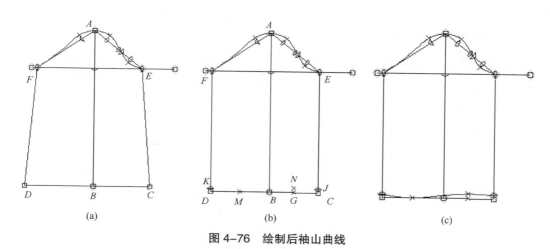

图 4-76　绘制后袖山曲线

（21）生成裁片：

①按 F4 键，单击【实样】，单击右上角的小三角，打开设置对话框，如图 4-77 所示，取消【相关连方式引出裁片】勾选；在要取出的后片平面图上单击左键，根据亮光显示选取全裁片后，单击右键结束。

②同样的方法引出前片和袖片，如图 4-77 所示。

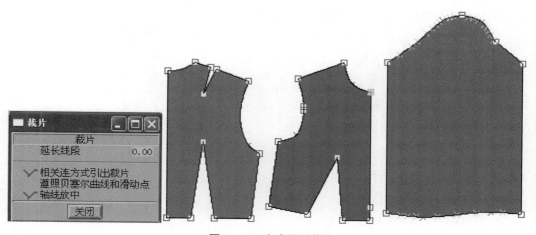

图 4-77　生成原型裁片

六、裙原型纸样设计

参考尺寸：腰围 $W = 66cm$，臀围 $H = 90cm$，裙长 $L = 50cm$。

在 Modaris 中绘制裙原型纸样的操作步骤为：

（1）准备：

下拉菜单【档案】/【新款式系列】，输入款式名称后（本例输入"basic skirt"），按 Enter 键，建立了新的款式档案。下拉菜单【工作页】/【新工作页】，建立新的工作页用来绘制裙子原型。下拉菜单【参数】/【长度单位】，设置长度单位为"cm"，角度单位为"度"。

（2）绘制原型轮廓和臀围线：

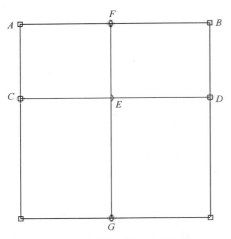

图 4-78 绘制轮廓线和臀围线

①单击工具选项栏上的【F3】按钮，单击【方形】工具按钮，在工作页上任意位置单击，在数据框内输入宽度"47"［（$H+4cm$）/2］，高度"50"（裙长）单击 Enter 键，如图 4-78 所示。

②单击工具选项栏上的【F1】按钮，单击【平行线】，单击矩形上边线 AB，向下移动鼠标，按键盘上的方向键，进入输入框输入距离"19"单击 Enter 键，绘制出臀围线。

③单击【定距点】，单击臀围线左端点 C 作参考点，空格键切换方向至臀围线方向，进入数据框输入后片臀围量"−22.5"（$H/4+1cm−1cm$）单击 Enter 键，单击得 E 点。

④单击【直线】，单击定距点 E 点作为参考点，按住 Ctrl 键，向上作垂线与上平线 AB 交于 F 点；同样从 E 点向下作垂线与下平线交于 G 点，如图 4-78 所示。

（3）绘制后片腰节线：

①单击工具选项栏上的【F1】按钮，单击【定距点】，单击左上角 A 点作参考点，按空格键切换方向至沿腰节方向，按 ↓ 方向键进入数据框，输入"−16"（$W/4+0.5cm−1cm$）Enter 键，单击左键，加点 H 点；仍然单击左上角点 A 作参考点，按空格键切换方向至沿裙长方向，按 ↓ 方向键，进入数据，输入"1"（落腰量），单击 Enter 键，单击左键，加点 I 点；单击 E 点作参考点，按空格键切换方向至垂直向上方向，进入数据框，输入数据"5"后单击 Enter 键，单击左键，加点 J。如图 4-79 所示。

②单击【外部分段】，将 HF 三等分，右侧等分点为 K 点。

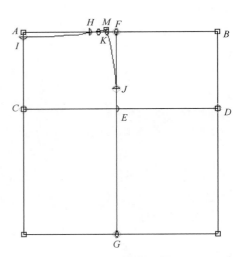

图 4-79 绘制后片腰节线

③单击【切线弧线】，单击 J 点，按住 Shift 键，单击一个中间点，右键单击 K 点结束，后片侧缝线绘制好了。按前面讲述的方法修改曲线造型至满意。

④单击工具选项栏上的【F3】按钮，单击【延长线段】，将线段 KJ 从 K 点向外延长 0.7cm（侧缝起翘量），确定起翘点 M。

⑤绘制腰节曲线。单击【切线弧线】，单击 M 点，按住 Shift 键，单击两个中间点，右键单击 I 点结束。如果曲线造型不满意，用前边修改曲线的方法修改造型至满意。如图 4-79 所示。

（4）绘制后片腰省：

①单击工具选项栏上的【F8】，单击【测量长度】，单击前面做的三等分的两个相邻分点，得出长度为 2.17cm，即为省道宽度。

②单击工具选项栏上的【F1】，单击【外部分段】，单击 M、I，输入 "3" 后单击 Enter 键，将腰节线 MI 三等分，等分点分别为 P 点和 Q 点。

③单击【定距点】，单击分点 P 作参考点，按空格键切换方向至沿腰节左方向，按 ↓ 方向键，进入数据框，输入 "-1.08"（省宽 /2）后单击 Enter 键，单击左键，加点 R 点；同样在腰节上距离 P 点 1.08cm 右侧加定距点 T 点；距离 Q 点左右各 1.08cm 加定距点 V 点和 W 点，如图 4-80 所示。

④单击【联系点】，单击 P 点，向下引线，进入数据框，输入 dl "11"（省长）后单击 Enter 键，单击左键加省尖点 X 点；同样的方法加另一个省尖点 Y 点，如图 4-80 所示。

⑤单击【直线】，连接 RX、TX；连接 VY、WY。后片省道绘制完成。

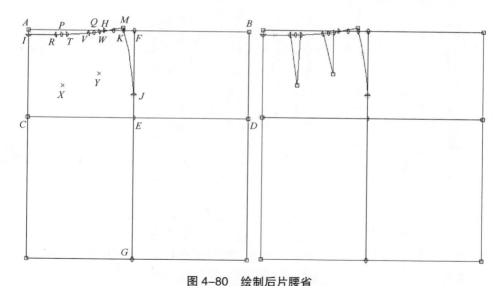

图 4-80　绘制后片腰省

（5）绘制出前片侧缝线、腰节线和腰省的方法与后片相同，如图 4-81 所示。

（6）生成裁片：单击工具选项栏上的【F4】，单击【实样】，如果不想让裁片和平面图关联，单击右上角的小三角，打开对话框，取消【相关连方式引出裁片】勾选；在后片内单击左键，要取出的部分全部变亮后，单击右键结束；同样的方法取出前片裁片，如图 4-82 所示。

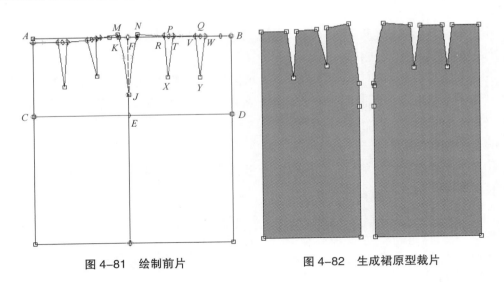

图 4-81　绘制前片　　　　　　　　图 4-82　生成裙原型裁片

七、综合纸样设计实例

要熟练地掌握使用服装 CAD 软件进行纸样设计的方法，必须多加练习。下面通过女西装和女西裤纸样的综合设计为例，讲述使用 Modaris 进行纸样综合设计的方法和技巧。

（一）女西装纸样设计

图 4-83　女西装款式结构图

款式图如图 4-83 所示。采用原型法制板。参考规格尺寸：衣长追加 20cm，胸围追加 6cm。

操作步骤为：

1. 建立新款式系列

（1）进入 Modaris 界面；利用菜单建立新款式系列，款式系列名称这里设为"Suits"。

（2）将长度单位设置为"cm"，角度单位设置为的"度"。

（3）建立新的工作页用来绘制后片。Ctrl + U 显示资料框；下拉菜单【编辑】/【编辑】打勾，在资料框【名称】内单击，输入"back"，在空白处右键结束输入；在资料框【注解】内单击，输入"back"，在空白处右键单击，结束输入，如图 4-84 所示。

2. 读入原型裁片

（1）下拉菜单【档案】/【输入裁片成衣】，打开如图 4-85 所示对话框。（这里要输入原型裁片，在原型裁片档案中应该首先输出成衣。输出成衣的方法在第三节成衣档案部分讲述。如果读者没有输出成衣，可以打开原型档案，删除不需要的工作页，下拉菜单【档案】/【储存为】，保存为新的文件来绘制西装纸样即可）

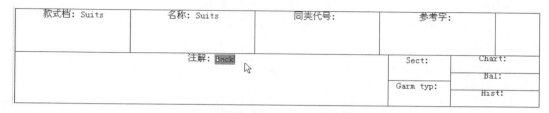

图 4-84　输入裁片的名称

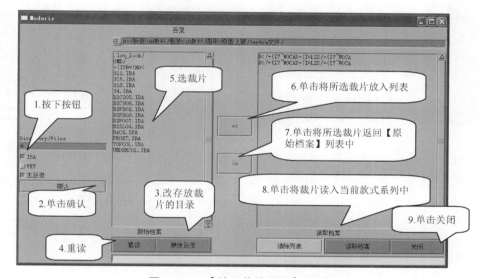

图 4-85　【输入裁片成衣】对话框

（2）在左侧选择要读入的文件的类型，这里选 IBA 和主目录，单击对应的按钮使其凹下；单击【确认】。

（3）在中间单击【更改目录】，在对话框内的树状目录中选择存放原型裁片的目录。

（4）单击【重读】，在【原始档案】列表中显示指定路径的所有裁片文件。

（5）单击文件名，选中要读入的裁片文件（此处为原型的前、后片），按住 Shift 键可以多选，单击【＝＞】按钮放入【读取档案】列表。

（6）单击【读取档案】，列表中的裁片被读入到当前款式中。

（7）单击【关闭】，关闭对话框。

3. 追加衣长

单击工具选项栏上的【F1】，单击【平行线】，距离后片原型腰节线 20cm 向下作平行线；同样的方法加出前片衣长，如图 4-86 所示。

4. 追加胸围

（1）单击工具选项栏上的【F1】，单击【直线】，单击后片袖窿深点，进入数据框，输入 dx 值"2"、dy 值"0"后按 Enter 键；按住 Ctrl 键，从新的腋下点向下作垂线；连接后中心线。

（2）单击工具选项栏上的【F3】，单击【延长线段】，将下摆线延长至与侧缝线相交。

（3）单击【调整两线段】，单击侧缝线保留部分，单击下摆线作边界，将多余的侧缝线调整掉。

（4）同样的方法加出前片胸围量，如图 4-87 所示。

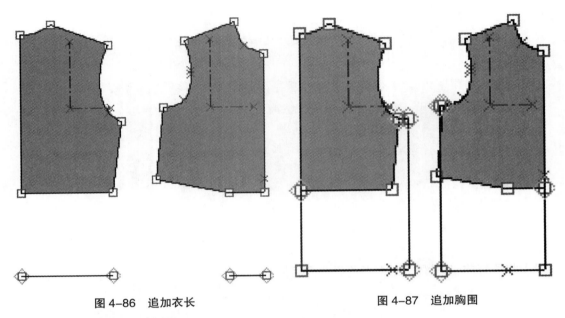

图 4-86　追加衣长　　　　　　　图 4-87　追加胸围

5. 调整颈侧点和肩端点

（1）单击工具选项栏上的【F3】，单击【两点旋转】，单击后片肩线上的两个端点，将图形以肩线为水平方向放置。

（2）单击工具选项栏上的【F1】，单击【加相关内点】，单击后片原型颈侧点为参考点，输入 dx "0.5"、dy "0.5"后按 Enter 键；单击后片原型肩端点为参考点，输入 dx "-1.3"、dy "1.5"后按 Enter 键，加上新的后片肩端点。

（3）单击工具选项栏上的【F3】，单击【两点旋转】，单击前片肩线上的两个端点，将图形以肩线为水平方向放置。

（4）单击工具选项栏上的【F1】，单击【加点】，单击前片原型颈侧点为参考点，沿肩线 0.5cm 加点，为新的颈侧点。

（5）单击【直线】，分别连接前、后片新的肩线。

（6）单击工具选项栏上的【F3】，单击【两点旋转】，将图形摆正位置，如图 4-88 所示。

6. 调整袖窿曲线

（1）单击工具选项栏上的【F1】，单击【定距点】，单击后片新的腋下点为参考点，沿着侧缝线 2.5cm 加点，开落袖窿深。

（2）同样的方法在前片腋下沿着侧缝线 4cm 加定距点。

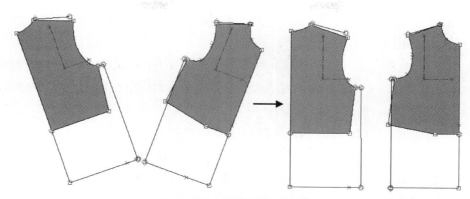

图 4-88　调整颈侧点和肩端点

（3）单击【切线弧线】，单击后片新的肩端点作为起点，按住 Shift 键，中间适当加曲线点，右键单击袖窿开落的定距点作为终点，调整曲线造型，后片袖窿完成。

（4）同样的方法绘制前片袖窿曲线，如图 4-89 所示。

7. 绘制侧缝线

（1）切换到【F3】工具栏，单击【延长线段】，将原型前、后片腰节线延长至新的侧缝线。

（2）切换到【F1】工具栏，单击【定距点】，单击腰节和侧缝的交点作为参考点，沿着腰节 1cm 加点，作收腰处理，前片作同样的处理。

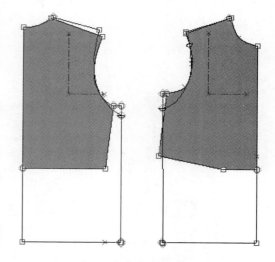

图 4-89　调整袖窿曲线

（3）单击【加相关内点】，单击后片侧缝线下端点为参考点，输入 dx "1"、dy "1" 后按 Enter 键加点；单击前片侧缝线下摆点为参考点，输入 dx "-1"、dy "1" 后按 Enter 键加点，扩大下摆量。

（4）单击【直线】，依次连接后片腋下点、收腰点、下摆点。前片同样处理，如图 4-90 所示。

8. 绘制后领窝和底摆线

（1）切换到【F1】工具栏，单击【切线弧线】，单击后片新的颈侧点作为起点，按住 Shift 键，中间适当加曲线点，右键单击后颈点作为终点，调整曲线造型，后片领窝完成。

（2）继续使用【切线弧线】工具，绘制好后片的下摆曲线。

（3）单击【平行线】，单击前片原型的前

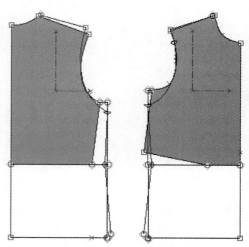

图 4-90　绘制侧缝线

中线，向外 0.5cm（搭门补充量）作平行线为新的前中线；以新前中线为参考线向外 2cm 作平行线为搭门止口线。

（4）切换到【F3】工具栏，单击【延长线段】，将前片的底边向前中线方向延长一段距离（超过搭门宽度）；将新前中心延长至与底边相交；将搭门止口线延长至与底边相交；将搭门止口线从与底边的交点向下延伸 1cm。

（5）单击【调整两线段】，将多余的底边线调整去掉。

（6）切换到【F1】工具栏，单击【切线弧线】，以搭门下端点为起点，下摆起翘点为终点，中间适当加曲线点，绘制好下摆曲线，如图 4-91 所示。

9. 绘制前片领窝

（1）绘制串口线。切换到【F1】工具栏，单击【定距点】，以原型肩端点为参考点，沿着原型肩线 2.5cm 加定距点。单击【直线】，连接加的定距点和原型前颈点，即为串口线，如图 4-92 所示。

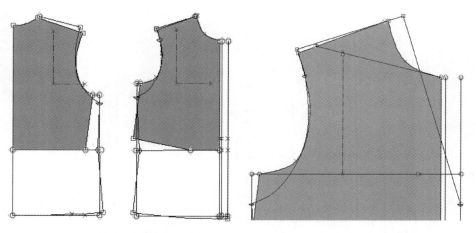

图 4-91　绘制后领窝和底边线　　　　图 4-92　串口线和翻折线绘制

（2）单击【直线】，从原型腋下点水平向右绘制直线，终点为原型胸围线与搭门止口线的交点。

（3）单击【定距点】，从上一步的交点沿搭门止口线向下 4cm 加定距点，即为翻折止点。

（4）切换到【F3】工具栏，单击【延长线段】，把前片新肩线从颈侧点向外延伸 2.5cm，作为驳口基点。

（5）切换到【F1】工具栏，单击【直线】，连接驳口基点和翻驳止点，为驳口线，如图 4-92 所示。

（6）切换到【F3】工具栏，单击【延长线段】，把串口线向驳头方向延伸一段距离。

（7）切换到【F1】工具栏，单击【联系点】，单击翻折线，出现垂直翻折线的引线，进入数据框输入 dl "7.5"（驳头宽），按 Enter 键，移动鼠标至与串口线相交，单击左键，加上了驳尖点。

（8）切换到【F1】工具栏，单击【差量圆弧】，单击驳尖，移动鼠标，按 Q 键至差量达到 0.7cm，单击翻折止点，驳头绘制完成。

（9）单击【定距点】，从串口线和驳口线的交点，沿着串口线向左 3.5cm 加定距点。

（10）单击【直线】，连接新颈侧点和刚加的定距点为领窝线，如图 4-93 所示。

10. 绘制后中线

（1）切换到【F1】工具栏，单击【外部分段】，将后中心线胸围线以上部分 2 等分。

（2）单击【定距点】，从腰节线和后中心线的交点，沿着后腰节线 1.5cm 加定距点收腰。

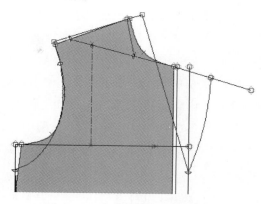

图 4-93　完成前领窝和驳头绘制

（3）单击【直线】，单击等分点，单击收腰点，按住 Ctrl 键向下作垂线至与底边相交，单击左键结束，后中心线完成，如图 4-94 所示。

11. 绘制前片侧缝的前后差

（1）切换至【F8】工具栏，单击【测量长度】，测量前后侧缝线的长度，计算其差值为 2.02cm。

（2）切换到【F1】工具栏，单击【定距点】，以前片新袖窿深点为参考点，沿着新侧缝线向下 4.5cm 加定距点；以此定距点为参考点沿着新侧缝线向下 2.02cm 加定距点，两个定距点之间的距离即为前后侧缝的长度差。

（3）单击【直线】，连接第一个定距点和 BP 点，如图 4-95 所示。

12. 绘制后片分割线

（1）切换到【F1】工具栏，单击【定距点】，以肩端点为参考点，沿着新袖窿线 16.5cm 加定距点，作为分割线位置。

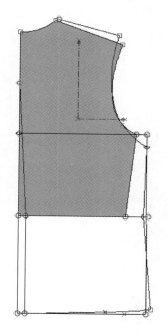

图 4-94　绘制后中心线

（2）继续使用【定距点】工具，从后中心收腰点沿着腰节 13cm 加定距点，以这个定距点为参考点，沿着腰节 3cm 加定距点。

（3）继续使用【定距点】，从后中心下端点，沿着下摆线 15.5cm 加定距点，以这个定距点为参考点，沿着下摆线 0.5cm 左右各加一个定距点。

（4）单击【切线弧线】，以袖窿分割点为起点，腰节左侧等距点分点为终点，中间适当加曲线点，绘制弧线。

（5）单击【直线】，单击腰节左侧等距点

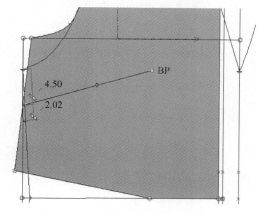

图 4-95　绘制前片侧缝的前后差

分点，单击下摆右侧等距点分点。左侧分割线完成。

（6）同样的方法绘制好右侧分割线，如图 4-96 所示。

13. 绘制前片分割线

（1）切换到【F1】工具栏，单击【定距点】，以肩端点为参考点，沿着新袖窿线 13.5cm 加定距点，作为分割线位置。

（2）继续使用【定距点】，从前中心线和腰节的交点沿着腰节 13.5cm 加定距点，以这个定距点为参考点，沿着腰节 2.5cm 加定距点。

（3）单击【外部分段】，将腰节上新加的两个定距点之间的线段二等分。

（4）单击【直线】，按住 Ctrl 键，从等分点向下做垂线至与底边线相交；连接垂足和腰节上的定距点，作为分割线。

（5）单击【切线弧线】，以袖窿分割点为起点，腰节左侧等距点分点为终点，中间适当加曲线点，绘制弧线，左侧分割线完成。

（6）同样的方法绘制出右侧分割线。

（7）单击【直线】，把腋下省线绘制完整，如图 4-97 所示。

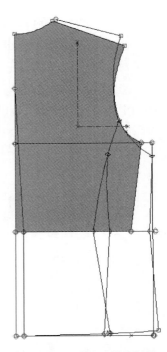

图 4-96　绘制后片分割线

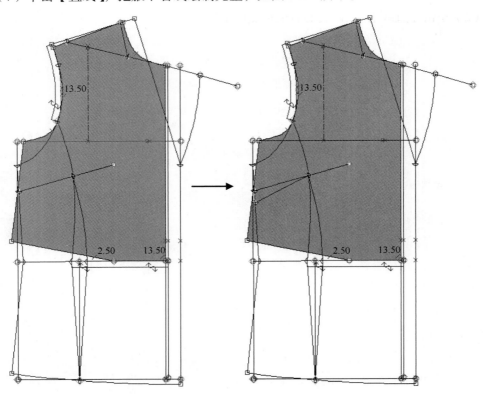

图 4-97　绘制前片分割线

14. 绘制扣位

（1）切换到【F1】工具栏，单击【直线】，从翻折止点向前中线做垂线，垂足为第一粒扣的扣位。

（2）单击【定距点】，以腰节线和前中线的交点为参考点，沿前中心线向下 6.5cm 加定距点，为最下面一粒扣的扣位。

（3）单击【外部分段】，将首尾扣位点间的前中心线三等分。

（4）切换到【F1】工具栏，单击【加记号点】按钮右上角的小三角，在对话框勾选【记号工具' 37'】。

（5）单击【加记号点】，单击扣位点，将扣位点改为记号点，如图 4-98 所示。

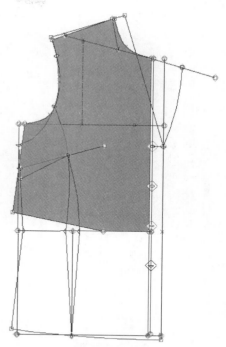

图 4-98　绘制扣位

15. 绘制口袋

（1）切换到【F1】工具栏，单击【加相关内点】，单击最后一粒扣位点作参考点，进入数据框，输入 dx "8.5"、dy "0" 后单击 Enter 键，加的点为口袋的右上角点。

（2）单击【直线】，从口袋的右上角点向下做垂线，长度为 1cm；接着向左绘制 13cm 长的水平线；接着垂直向上绘制 2cm 垂线，终点为口袋左上角点；连接左上角点和右上角点，口袋上口线完成。

（3）单击【定距点】，以左上角点为参考点，沿左侧线向下 1cm 加定距点。

（4）用【直线】工具连接定距点和口袋右下角点，口袋下口线绘制完成，如图 4-99 所示。

16. 绘制挂面

（1）切换到【F1】工具栏，单击【定距点】，以前片右下角点为参考点，沿前下摆线 9.5cm 处加定距点；以前片颈侧点为参考点，沿着肩线 3cm 加定距点。

（2）单击【切线弧线】，单击上一步中绘制的肩线上的定距点为起点，下摆线上的定距点为终点，中间适当加曲线点，绘制挂面弧线，如图 4-100 所示。

17. 生成衣身裁片

（1）切换到【F4】工具栏，单击【实样】，分别引出后中片、后侧片、前上侧片、前下侧片、前中片和挂面裁片，如图 4-101 所示。

（2）切换到【F5】工具栏，单击【联结裁片】，单击前片上侧片上连接线的两个端点，单击前片下侧片上连接线的两个对应端点，联结完成，如图 4-102 所示。

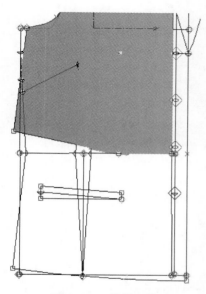

图 4-99　绘制口袋

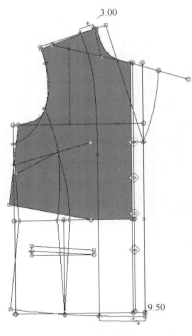

图 4-100　绘制挂面

18. 绘制领子

（1）切换到【F8】工具栏，单击【测量长度】，测量后领窝弧线长度，为 8.36cm。

（2）切换到【F3】工具栏，单击【延长线段】，将翻折线从驳口基点向上延长 8.36cm（后领窝弧线长）。

（3）切换到【F1】工具栏，单击【平行线】，单击翻折线作为参考线，单击前片颈侧点作翻折线的平行线，即为平驳线，如图 4-103 所示。

（4）切换到【F2】工具栏，单击【两点旋转】，单击平驳线的两个端点，将图形以平驳线为水平方向放置。

（5）切换到【F1】工具栏，单击【直线】，从平驳线的端点向下绘制 2.5cm 的垂线，作为倒伏量；然后连接直角三角形的斜边，如图 4-104 所示。

（6）单击【定距点】按钮，以颈侧点为参考点，沿着直角斜边 8.36cm 处（后领窝线长）加点。

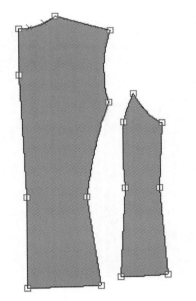
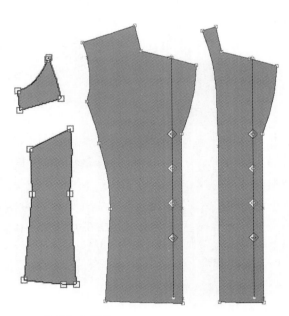

图 4-101　生成衣身裁片

（7）切换到【F2】工具栏，单击【两点旋转】，单击直角斜边的两个端点，将图形以直角斜边为水平方向放置。

（8）切换到【F1】工具栏，单击【直线】，从定距点向上绘制 8cm 的垂线，作为后领高线，如图 4-105 所示。

（9）切换到【F2】工具栏，单击【两点旋转】，单击串口线上的两点，将图形以串

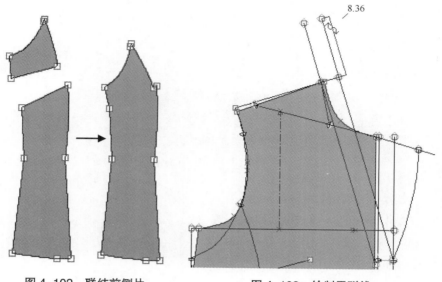

图 4-102　联结前侧片　　　　　图 4-103　绘制平驳线

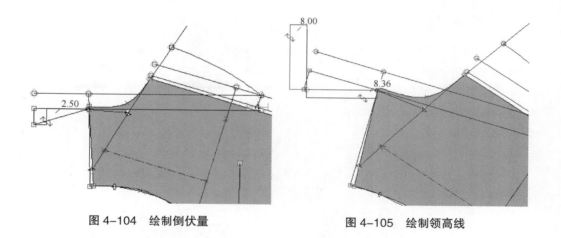

图 4-104　绘制倒伏量　　　　　图 4-105　绘制领高线

口线为水平方向放置。

（10）切换到【F2】工具栏，单击【定距点】，以驳尖点为参考点，沿着串口线方向4cm 加定距点。

（11）单击【圆形】按钮，单击串口线上刚做的定距点为圆心，输入直径"8"，单击Enter 键；单击驳尖点为圆心，输入直径"9"，按Enter 键。

（12）切换到【F1】工具栏，单击【相交点】，在两圆的交点上单击加交点，为缺嘴尖点。

（13）单击【直线】按钮，连接交点和驳头上的定距点，如图 4-106 所示。

（14）按Delete 键，删除两个辅助圆。

（15）切换到【F1】工具栏，单击【切线弧线】，绘制外领线和领底线，如图 4-107 所示。

（16）切换到【F4】工具栏，单击【实样】，引出领子裁片。

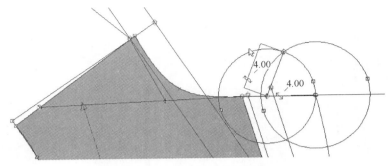

图 4-106　确定缺嘴位置

（17）切换到【F2】工具栏，单击【两点旋转】，单击领高线上的两点，将领子裁片以领高线为水平方向放置；单击【90°】，将领子裁片旋转 90°，以领高线为垂直方向放置，如图 4-108 所示。

19. 绘制袖山斜线

（1）切换到【F8】工具栏，单击【测量长度】，测量后袖窿弧线长为 25.76cm；测量前袖窿弧线长为 23.86cm。前袖山斜线长为：前 AH+0.5cm＝24.36cm，后袖山斜线长为：后 AH+0.2cm＝25.96cm。

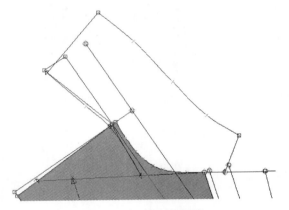

图 4-107　绘制外领线

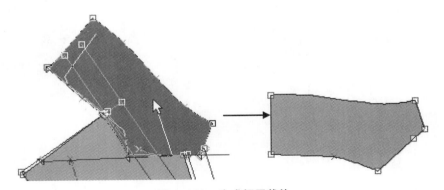

图 4-108　生成领子裁片

（2）下拉菜单【工作页】/【新工作页】，新建一个工作页用来绘制袖子。

（3）切换到【F1】工具栏，单击【直线】，在新工作页上单击任意位置作为起点，按住 Ctrl 键绘制水平线，作为袖肥线，长度要足够长。

（4）继续使用【直线】工具，在袖肥线大约中间位置单击作为起点，进入数据框，输入 dx "0"、dy "18" 后按 Enter 键，即为袖山高线，如图 4-109 所示。

（5）切换到【F2】工具栏，单击【圆形】，单击袖山顶点为圆心，输入直径 "48.72"，按 Enter 键。绘制的圆与袖肥线相交。如图 4-109 所示。

（6）切换到【F1】工具栏，单击【直线】，连接袖山顶点和圆与袖肥线右侧的交点，删除辅助圆，前袖山斜线绘制完成，如图 4-109 所示。

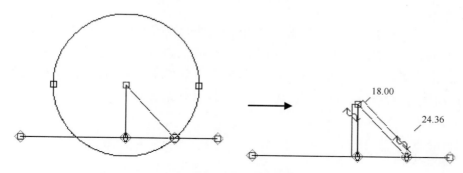

图 4-109 绘制前袖山斜线

（7）同样的方法绘制后袖山斜线，如图 4-110 所示。

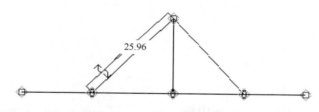

图 4-110 绘制后袖山斜线

20. 绘制袖山曲线

（1）切换到【F1】工具栏，单击【外部分段】，将前袖山斜线四等分。

（2）单击【定距点】按钮，从第二个分点，沿着前袖山斜线向下 1cm 加定距点。

（3）单击【联系点】，单击前袖山斜线上第一个等分点做参考点，向外移动鼠标，在数据框内输入 dl "2"，按 Enter 键，单击加"联系点 1"；单击前袖山斜线上最后一个等分点做参考点，向内移动鼠标，在数据框内输入 dl "1.3"，按 Enter 键，单击加"联系点 2"。

（4）单击【切线弧线】，单击袖山顶点，按住 Shift 键，单击联系点 1、定距点、联系点 2，右键单击袖山斜线与袖肥线的交点结束，中间可以适当增加曲线点。前袖山曲线绘制完成，如图 4-111 所示。

（5）类似的方法绘制后袖山曲线，如图 4-112 所示。

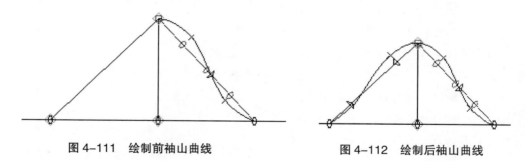

图 4-111 绘制前袖山曲线　　　　图 4-112 绘制后袖山曲线

21. **绘制袖口线**

（1）切换到【F1】工具栏，单击【外部分段】，将前袖肥线二等分；后袖肥线二等分。

（2）切换到【F3】工具栏，单击【延长线段】，单击袖中线，把袖中线向下延长 38cm（袖长 – 袖山高）。

（3）切换到【F1】工具栏，单击【直线】，从袖中线的下端点，按住 Ctrl 键水平向右绘制一段水平线，为前袖口线；连接前袖口线右侧端点和前袖肥线的中点。

（4）单击【两点对齐】，单击前袖肥线的中点作参考点，单击前袖口线右侧端点，使其在垂直方向上和前袖肥线的中点对齐，如图 4–113 所示。

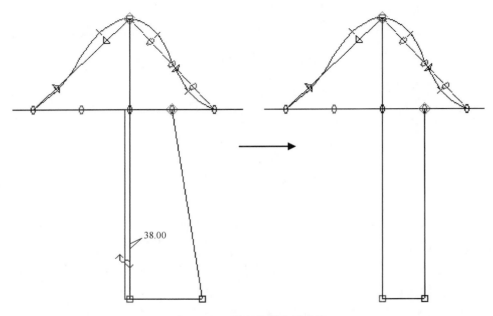

38.00

图 4–113　绘制前等分辅助线

（5）同样处理后袖片，如图 4–114 所示。

（6）切换到【F3】工具栏，单击【延长线段】，单击前袖口线，将前袖口线向右延长 0.5cm 作偏袖量。

（7）切换到【F1】工具栏，单击【平行线】，向下 1.5cm 作后袖口线的平行线。

（8）切换到【F2】工具栏，单击【圆形】，单击前袖口端点作圆心，26cm（两倍袖口宽）为直径画圆。

（9）切换到【F1】工具栏，单击【直线】，连接前袖口端点和圆与平行线的交点，此线段为新的袖口线，如图 4–115 所示。最后删除辅助圆。

22. **绘制前等分袖线**

（1）切换到【F1】工具栏，单击【等距点】，从袖

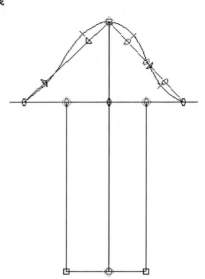

图 4–114　绘制后片等分辅助线

肥线和袖中线的交点，沿着袖中线向下 15cm 加定距点，作为袖肘线的位置。

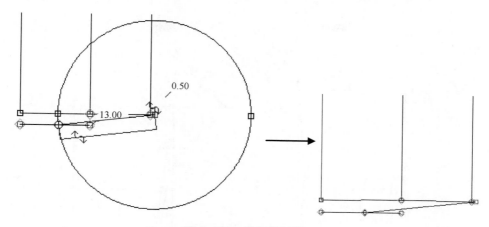

图 4-115 绘制袖口线

（2）单击【直线】，从上一步作的定距点向左、向右作水平线至与前、后垂直线相交，此为袖肘线。

（3）单击【等距点】，从前袖肘线端点，沿着袖肘线向左 1cm 加定距点。

（4）单击【直线】，连接前袖肥线中点、袖肘线上的定距点和前袖口端点，作为前等分袖线，如图 4-116 所示。

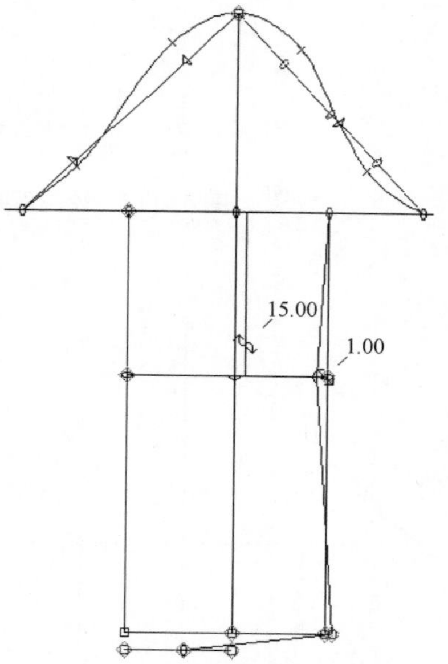

23. 绘制后等分袖线

（1）切换到【F1】工具栏，单击【直线】，连接后袖肥线中点和后袖口端点，单击【相交点】，在与袖肘线的相交处点击，加交点。

（2）单击【外部分段】，将袖肘线在左端点和上一步加的交点之间的部分二等分。

（3）单击【直线】，连接后袖肥线中点、袖肘线上的等分点和后袖口端点，如图 4-117 所示。

图 4-116 前等分袖线

24. 绘制前后袖底缝与大小分片

（1）切换到【F1】工具栏，单击【直线】，从前袖口端点向右作 3.5cm 水平线，得大袖片袖口端点；从前袖肘线定距点向右作 3.5cm 水平线，得大袖片袖肘点。

（2）单击【等距点】，从前等分袖线的下端点，沿着袖口线向左 3.5cm 加定距点，得小袖片袖口端点；从前袖肥线中点向左 3.5cm 加定距点，向右 3.5cm 加定距点。

（3）单击【切线弧线】，连接大袖片袖底缝线；连接小袖袖底缝，如图 4-118 所示。

（4）继续使用【切线弧线】工具，将后袖底缝用切线弧线连接，并将长度顺延至与后袖山相交，如图 4-119 所示。

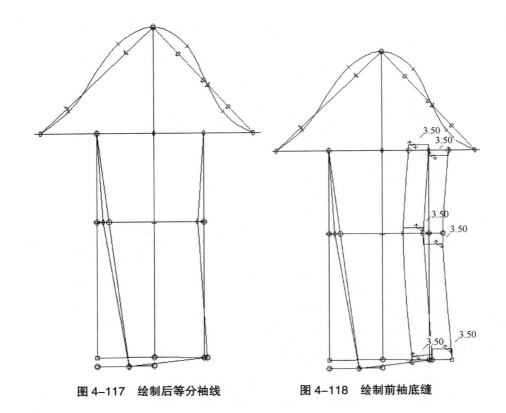

图 4-117　绘制后等分袖线　　　　图 4-118　绘制前袖底缝

图 4-119　绘制后袖底缝

25. 袖山大小分片

（1）切换到【F3】工具栏，单击【延长线段】，靠近上端点单击大袖片前袖底缝，将其延长至与前袖山相交。

（2）切换到【F1】工具栏，单击【直线】，从前袖底缝与袖山的交点向左作水平线。

（3）切换到【F3】工具栏，单击【延长线段】，靠近上端点单击小袖片前袖底缝，将其延长至与上一步做的水平线相交。

（4）切换到【F1】工具栏，单击【切线弧线】，连接小袖片袖山底线，如图 4-120 所示。

26. 确定扣位

（1）切换到【F1】工具栏，单击【等距点】，从后袖口线与后袖底缝线交点沿后袖底缝线向上 8cm 加点。

（2）单击【平行线】，从后袖口线向上 3cm 作平行线；继续向上 2.5cm 作上一步作的平行线的平行线；向右 1.5cm 作后袖底缝的平行线。

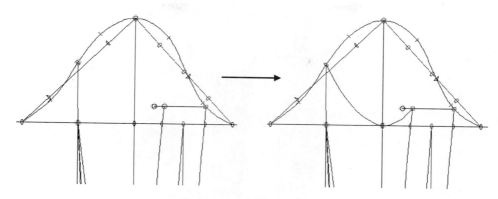

图 4-120　袖山大小袖分片

（3）单击【相交点】，在三条平行线的两个交点位置单击加交点，作成扣位。

（4）删除三条平行线，保留两个交点。

（5）切换到【F2】工具栏，单击【加记号点】按钮右上角的小三角，将记号设为【记号工具'35'】，单击【加记号点】，单击两个扣位点，将其改为记号点，如图 4-121 所示。

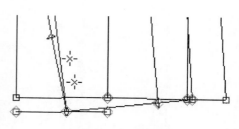

图 4-121　确定扣位

27. 生成裁片

切换到【F4】工具栏，单击【实样】，将大、小袖片引出实样裁片，如图 4-122 所示。

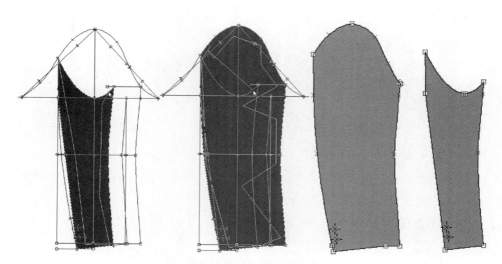

图 4-122　生成袖片裁片

28. 加布纹线

（1）切换到【F4】工具栏，单击【轴线】右上角小三角，勾选【布纹线】。

（2）单击【轴线】；将所有裁片加上垂直方向的布纹线，如图 4-123 所示。

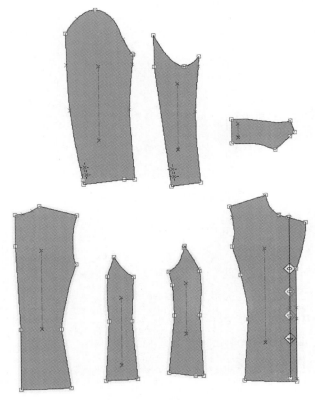

图 4-123　加布纹线

29. 展开领子

（1）切换到【F5】工具栏，单击【两点对称】按钮右上角小三角，打开【衍生裁片】对话框，勾选【对称裁片】。

（2）单击【两点对称】按钮，单击领子后中线
的两个端点，将领子展开，如图 4-124 所示。

图 4-124　展开领子

30. 后片放缝

下摆放 3.5cm，其余均放 1cm。

（1）先均放 1cm。切换到【F4】工具栏，单击【平
面图缝份】，右键拖框选中全部后中片，单击其中一个线条，向外移动鼠标，进入数据框，
输入开始"1"、结束"1"按 Enter 键。

（2）单击下摆线，向衣片外移动，进入数据框输入开始"3.5"、结束"3.5"按 Enter 键，
如图 4-125 所示。

（3）修改缝份角。单击【切角工具】，打开【切角工具】对话框，勾选【前段对称】，
单击左下角点；勾选【后段对称】，单击右下角点；在【后段垂直】上打勾，单击袖窿角点，
完成该片缝份角的处理，如图 4-126 所示。

31. 后侧片放缝

下摆放 3.5cm，其余均放 1cm。

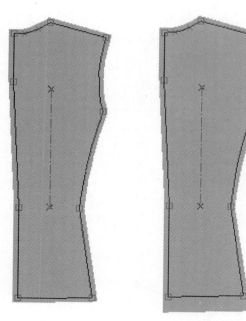

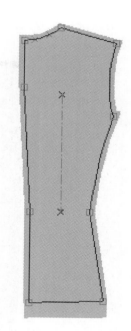

图 4-125　后片放缝

图 4-126　处理切角

（1）单击【平面图缝份】按钮，按照放后中片的方法将后侧片放缝。

（2）修改缝份角。单击【切角工具】，打开【切角工具】对话框，勾选【前段对称】，单击左下角点；勾选【后段对称】，单击右下角点；勾选【后段垂直】，单击袖窿右侧角点；勾选【前后缝份】，单击袖窿左侧角点，如图 4-127 所示。

同样的方法给前片中片、侧片放缝并修改拐角，如图 4-128 所示。

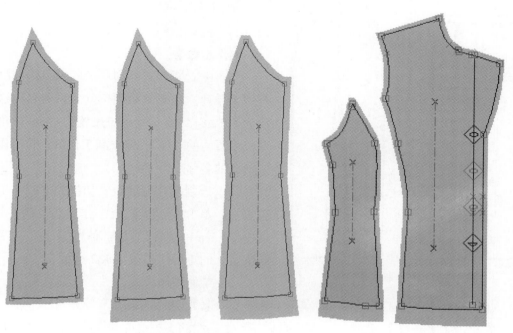

图 4-127　后侧片切角处理

图 4-128　前片放缝

同样的方法给袖片放缝，袖口放 4cm，其余均放 1cm，切角使用类型如图 4-129 所示。

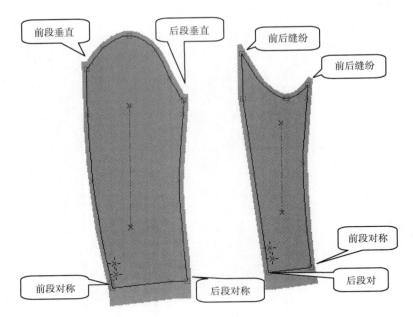

图 4-129　袖片放缝

　　同样的方法给领子放缝，均放 1cm，如图 4-130 所示。

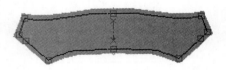

图 4-130　领子放缝

（二）合体女西裤纸样设计

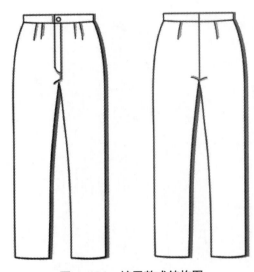

图 4-131　裤子款式结构图

　　规格尺寸：裤长（L）＝ 96cm，臀围（H）＝ 90cm，立裆＝ 27cm。款式如图 4-131 所示。

　　操作步骤为：

　　（1）建立新款式系列：进入 Modaris 界面，利用菜单建立新款式系列，款式系列名称这里设为 "Pants"；将长度单位设置为 "cm"，角度单位设置为的 "度"；建立新工作页；将工作页资料框的名称改为 "front"。

　　（2）绘制前片轮廓线：切换到【F2】工具选项栏，单击【矩形】，在工作页上绘制一个宽度为 24.5cm（H/4+2）、高度为 24cm（立裆－腰头宽）的矩形，如图 4-132 所示。

　　（3）绘制臀围线：

　　①切换到【F1】工具选项栏，单击【外部分段】，将矩形右侧线三等分。

　　②单击【平行线】，过第二个等分点做矩形上平线的平行线为臀围线，注意不要用关联方式，如图 4-133（a）所示。

（4）绘制前上裆线：

①切换到【F1】工具选项栏，单击【外部分段】，将上裆线四等分，测量每份长度为6.13cm。

②切换到【F3】工具选项栏，单击【延长线段】，把上裆线向右延长5.13cm（6.13−1cm），确定前窿门宽。

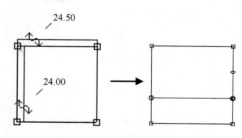

图 4-132　绘制前片轮廓线

③切换到【F1】工具选项栏，单击【直线】，单击窿门端点，进入数据框，输入 dl "3.065"、角度 "45"，按 Enter 键，绘制出窿门控制点。

④单击【相关内点】，单击前中线上端点作参考点，输入 dx "−0.5"、dy "0.5" 按 Enter 键，加出前裆线的端点，见图 4-133（b）。

⑤单击【切线弧线】，前裆线的端点为起点、适当加曲线点，过臀围线前端点，窿门控制点，窿门宽线端点为终点，绘制切线弧线。

⑥按下状态栏上的【曲线点】，显示曲线点，使用 F3 中的【移动点】工具，修改弧线造型至满意。绘制好的前上裆线，如图 4-133（c）所示。

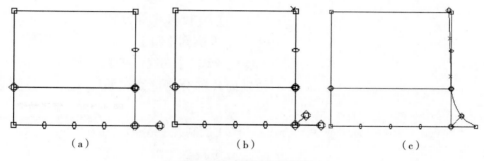

（a）　　　　　　　　　　　（b）　　　　　　　　　　　（c）

图 4-133　绘制前上裆线

（5）绘制腰口线：

①切换到【F1】工具选项栏，单击【直线】，单击前中心线上端点，进入数据框，输入 dl "23"（$W/4+7$cm）按 Enter 键，此时线段以23cm的固定长度移动，移动鼠标至与矩形上平线相交，单击左键确定线段位置，如图 4-134 所示。

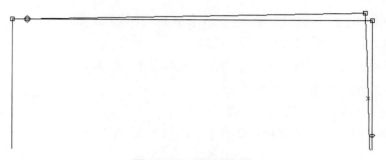

图 4-134　绘制腰口线

图 4-135　调整腰口线

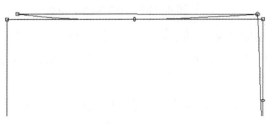

图 4-136　绘制腰口线

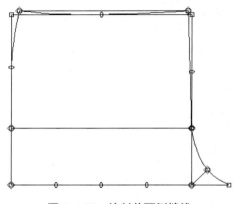

图 4-137　绘制前面侧缝线

②切换到【F3】工具选项栏，单击【移动点】，单击上一步作的交点，在数据框内输入 dx"0"、dy"0.5"按 Enter 键，如图 4-135 所示。

③切换到【F3】工具选项栏，单击【切线弧线】，用弧线连接腰口线，如图 4-136 所示。如前所述的方法修改弧线造型至满意。

④这样处理过的腰长会有一点误差。修正方法：单击【修改弧长】，单击前中心线和腰口线的交点，左键按住腰口线的另一个端点，按空格键，将粗白线切换到腰口曲线上，松开左键，进入数据框，输入腰节准确长度"23"，按 Enter 键。（可以在数据框内看到大约有零点几毫米的误差，也可以不修正）

（6）绘制前片部分侧缝线：切换到【F1】工具选项栏，单击【切线弧线】，绘制前片部分侧缝线，如图 4-137 所示。

（7）绘制裤中线：

①切换到【F1】工具选项栏，单击【定距点】，单击上裆线的中点作为参考点，沿着上裆线向右 2cm 加定距点。

②单击【直线】，单击上一步做的定距点，垂直向下绘制长度为 69cm（裤长 - 上裆）的垂线；垂直向上作垂线至与腰节线相交，如图 4-138 所示。

（8）绘制脚口线：

①切换到【F1】工具选项栏，单击【直线】，单击裤中线的下端点，水平向右作 4.75cm（前脚口大 /2）长的线段。

②切换到【F3】工具选项栏，单击【延长线段】，将脚口线水平向左延长 4.75cm，如图 4-139 所示。

（9）绘制中裆线、下裆线和侧缝线：

①切换到【F1】工具选项栏，单击【外部分段】，将上裆线以下的裤中线二等分。

②单击【定距点】，单击上一步作的等分点作为参考点，沿着

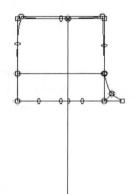

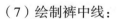

图 4-138　绘制裤中线

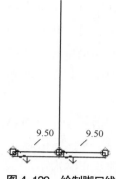

图 4-139 绘制脚口线

裤中线向上 4cm 加定距点。

③单击【直线】，单击上一步作的定距点，按住 Ctrl 键水平向左绘制一段线段，作成中裆线。

④单击【切线弧线】，从脚口过中裆线至上裆线绘制前片侧缝线。

⑤切换到【F1】工具选项栏，单击【调整两线段】，将多余的中裆线修剪掉。

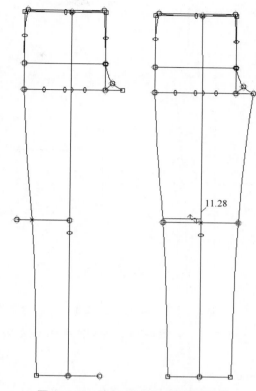

图 4-140 绘制中裆线、内外侧缝线

⑥切换到【F8】工具选项栏，单击【测量长度】，测量左侧中裆的长度为 11.28cm。

⑦切换到【F3】工具选项栏，单击【延长线段】，将中裆线水平向右延长 11.28cm。

⑧切换到【F3】工具选项栏，单击【切线弧线】，从脚口过中裆线至小裆尖绘制下裆线，如图 4-140 所示。

（10）绘制褶裥：

①切换到【F1】工具选项栏，单击【定距点】，沿着腰节线，从裤中线和腰节的交点向右 3cm 加一个定距点，向左 1cm 加一个定距点。

②单击【直线】，从两个定距点分别向下绘制一段线段。

③单击【外部分段】，将腰节线左端点与裤中线和腰节的交点之间腰节线二等分。

④单击【定距点】，沿着腰节线，从上一步作的等分点分别向左、向右 1.5cm 各作一个定距点。

⑤单击【直线】，从上一步作的两个定距点分别向下绘制一段线段。

⑥切换到【F2】工具选项栏，单击【剪口】，单击褶裥位置点，将褶裥位置加上剪口。绘制好的褶裥如图 4-141 所示。

（11）为绘制后片准备基础纸样：

①复制一个绘制好的前片的工作页，把复制的工作页的资料框内的名称改为"back"，用来绘制后片。

②单击【选择】，按住 Shift 键，选择矩形框、裤中线、中裆线、脚口线。

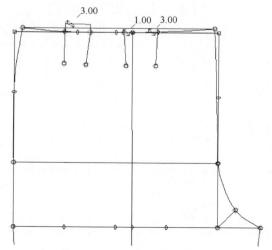

图 4-141 绘制褶裥

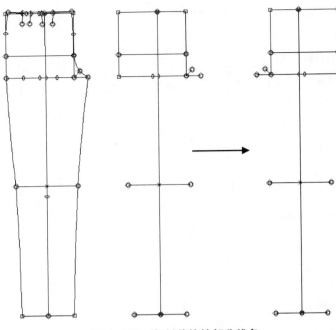

图 4-142　复制前片的部分线条

③切换到【F1】工具选项栏，单击【复制】，单击选中的线条，向外移动鼠标，在工作页空白处单击，将所需线条复制出来。

④删除原前片图形。按 Ⓐ 键（键盘必须是小写状态），将工作页调整至正常大小。

⑤切换到【F2】工具选项栏，单击一下【Y 轴翻转】，以 Y 轴为对称轴翻转复制的图形，如图 4-142 所示。

（12）绘制后窿门：

①切换到【F3】工具选项栏，单击【延长线段】，将窿门宽度在原来的基础上延长 4cm。

②切换到【F1】工具选项栏，单击【直线】，单击窿门宽端点作起点，输入数据 dx "0"、dy "-1" 按 Enter 键，落裆 1cm。如图 4-143 所示。

③单击【定距点】，在窿门控制线上加定距点，将控制量比原来缩短 0.5cm，如图 4-143 所示。

（13）绘制腰节线：

①切换到【F1】工具选项栏，单击【定距点】，沿着矩形上平线，从左上角点 5cm 加定距点。

②单击【直线】，连接窿门拐角点和上一步作的定距点。

③切换到【F3】工具选项栏，单击【延长线段】，将上一步作的线段向外延长 1.5cm，端点即为腰节线的左端点，如图 4-144 所示。

④按【F1】，单击【直线】，单击腰节线左端点，进入数据框，输入 dl "19"（W/4+3）按 Enter 键，移动鼠标，至与矩形上平线相交，单击左键确认位置，如图 4-145 所示。

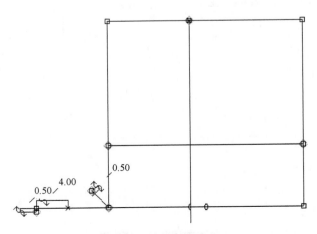

图 4-143　绘制后窿门

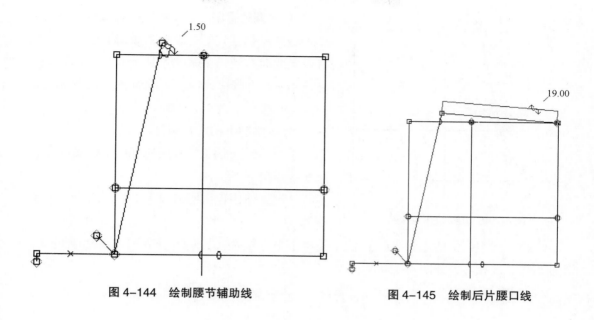

图 4-144　绘制腰节辅助线　　　　　　　图 4-145　绘制后片腰口线

⑤按【F3】，单击【移动点】，单击腰节线右端点，进入数据框，输入 dx "0"、dy "0.5" 按 Enter 键，将端点上移 0.5cm，如图 4-146 所示。

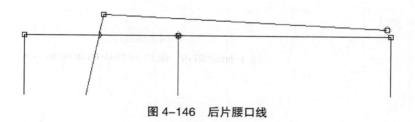

图 4-146　后片腰口线

⑥按【F1】，单击【加点】，单击腰节线端点（任一个）为参考点，按住 Shift 键，在腰节线上加曲线点，根据需要可以加多个。按下状态栏上的【曲线点】按钮，显示曲线点；配合【F3】中的【移动点】，移动腰节线上的曲线点，调整腰节线造型。

⑦单击【修改弧长】，单击腰节线两个端点，进入数据框，将弧长改为 "19" 按 Enter 键（原数据 19.06，因此也可以不修改）。绘制好的后片腰节线，如图 4-147 所示。

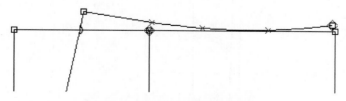

图 4-147　绘制后片腰节线

（14）绘制后上裆线：

按【F1】，单击【切线弧线】，用曲线连接后上裆线，如图 4-148 所示。

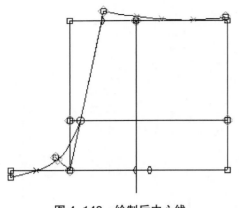

图 4-148　绘制后中心线

（15）调整臀围线、中裆线、脚口线：

切换到【F3】工具选项栏，单击【延长线段】，将臀围线向右延长 1cm；将中裆线向左、向右各延长 1cm；将脚口线向左、向右各延长 1cm，如图 4-149 所示。

（16）绘制下裆线和侧缝线：

①切换到【F1】工具选项栏，单击【切线弧线】，用曲线连接下裆线。

②继续使用【切线弧线】工具，用曲线连接侧缝线。

③按下状态栏上的【曲线点】，使用【F3】中【移动点】工具，调整下裆线和侧缝线，使前后片长度相等，如图 4-150 所示。

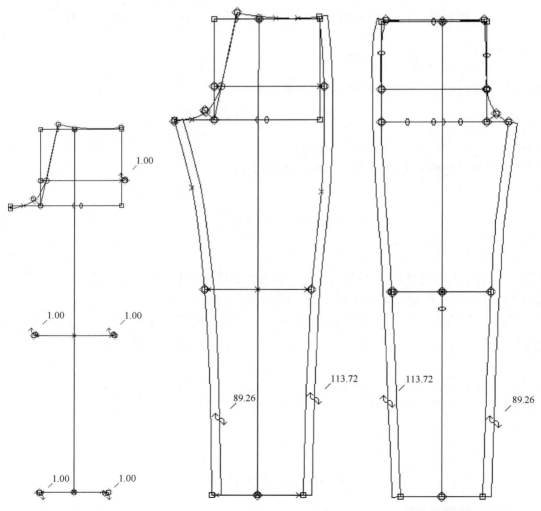

图 4-149　调整臀围线、中裆线、脚口线

图 4-150　修正前后片下裆线和侧缝线的长度

（17）绘制后片腰省：

①按【F1】，单击【外部分段】，将腰节线二等分。

②单击【定距点】，以上一步做的等分点为参考点，沿着腰节线左、右各 1.5cm 加一个定距点。

③单击【联系点】，单击等分点作参考点，向下移动鼠标，按键盘方向键进入数据框，输入 dl "10"，按 Enter 键，单击左键加点，为省尖点。

④单击【直线】，分别连接省尖和省宽点，如图 4-151 所示。

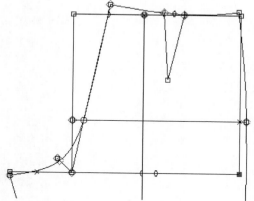

图 4-151　绘制后片腰省

（18）绘制裤腰：

①建立新工作页；切换到【F2】工具选项栏，单击【方形】，在新工作页上绘制宽度 32cm（W/2）、高度 3cm 的矩形。

②切换到【F2】工具选项栏，单击【平行线】，单击矩形右边线，向外 3cm 作平行线，并用【直线】工具与矩形连接，如图 4-152 所示。

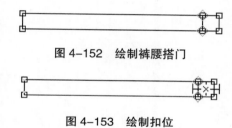

图 4-152　绘制裤腰搭门

图 4-153　绘制扣位

③单击【加相关内点】，单击右上角点，进入数据框，输入 dx "−1.5"、dy "−1.5" 按 Enter 键。确定扣/扣眼位置。切换到【F2】工具选项栏，使用【加记号点】工具，将扣位改为记号点，如图 4-153 所示。

④切换到【F2】工具选项栏，单击【对称轴】，单击矩形左边线的两个端点。作为对称轴。

⑤右键选择整个图形；单击【对称】，单击选中的图形，作对称，如图 4-154 所示。

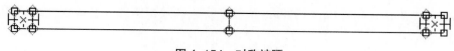

图 4-154　对称裤腰

⑥在【F1】工具选项栏，单击【加相关内点】，单击右上角点，进入数据框，输入 dx "1.5"、dy "1.5" 按 Enter 键，加腰带右侧的尖点。单击【直线】，连接尖点和裤腰的右侧端点，如图 4-155 所示。

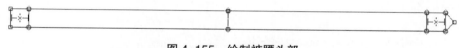

图 4-155　绘制裤腰头部

（19）生成裁片：

切换到【F4】工具选项栏，单击【实样】，用不关联方式引出裤子的实样，如图 4-156 所示。

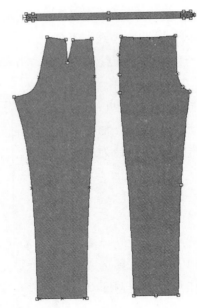

图 4-156　裤子裁片

第二节　力克推板系统

服装工业生产中使用的系列样板是根据号型标准通过放码（也称放缩）获得的。法国力克服装 CAD 系统中包括点放缩和模板放缩两种方式。其中点放缩与传统手工操作方式的原理相同，在 Modaris V7R1 中通过【F6】工具栏中的工具按钮实现；模板放缩则通过从 Modaris V7R1 中连接 Easy Grading 系统来实现。限于篇幅，在此仅介绍应用最广泛的点放缩。

点放缩，顾名思义，是通过给定关键点的放缩量来实现对整个裁片的放缩。放缩前要首先根据生产需要和号型标准制订出尺码表，并读入款式档案中，然后通过放缩工具为关键点设定放缩量来放缩纸样。

一、建立尺码表

在 Modaris V7R1 中尺码表分为文字码表（alpha）和数字码表（numeric）两种，是文本格式（*.txt）创建成立的。

1. 建立数字码表的步骤

（1）选择 Windows 操作系统【开始】菜单 /【程序】/【附件】/【记事本】，打开记事本（或者在桌面任意空白位置右键单击，在右键菜单中选择【文本文档】）；在记事本中输入"numeric"后按 Enter 键换行，"numeric"是数字码表的前导码，必须是小写英文字母。

（2）输入数字码最小号，如输入"155"；空格；然后输入号与号之间的差，如输入"5"，按 Enter 键换行。

（3）输入"*"和基码（"*"与基码之间无空格），如输入"*160"，按 Enter 键换行。

（4）输入最大码，如输入"175"，按 Enter 键换行，所有的输入如图 4-157 所示。

（5）下拉菜单【文件】/【保存】，保存文件，路径可以按自己的要求放在任意位置。

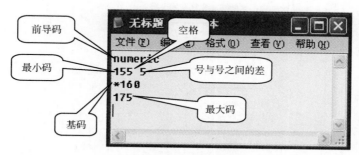

图 4-157　建立数字码表

2. 建立文字码表的步骤

（1）打开记事本；在记事本输入文字码表的前导码 "alpha" 后回车换行。

（2）输入文字码最小号，如输入 "S"，按 Enter 键换行。

（3）依次输入下一个相邻尺码，每个码都要按 Enter 键换行，直至最大码。其中，输入基码时，先输入 "*"，再输入基本码名称，如输入 "*L"，按 Enter 键换行。

（4）保存文件，路径可以按自己的要求放在任意位置。如图 4-158 所示。

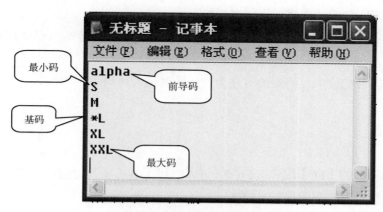

图 4-158　建立文字码表

二、读入尺码表

在新建一个款式系列之后，应该读入先前建立好的尺码表。其操作步骤如下：

（1）双击桌面上的 Modaris 图标 ▨ 进入打板界面，打开要读入尺码表的款式系列。

（2）按 Ctrl + U 键显示资料框。

（3）按 F7 键，单击【读出尺码表】，单击【款式工作页】，可以看到资料框内读入了新的尺码表；如部分工作页没有尺码表，按 Ctrl + A 键，全选工作页，单击【复印尺码表】，双击读入尺码的工作页尺码资料框的头部，将尺码表复制给所有的工作页。如图 4-159 所示。

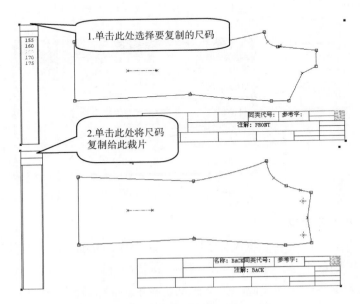

图 4-159　为款式档案读入尺码表

Modaris 中最多可以进行三级放缩，若要进行二级以上的放缩，要为每级放缩分别读入尺码表，为二级放缩读入尺码表的方法如下：

（1）下拉菜单中勾选【尺码】/【特殊放缩 1】（若勾选【特殊放缩 2】可读入三级放缩尺码）。

（2）按照前面的读入尺码表的方法为二级放缩读入尺码表。

三、放缩工具

按工具选项栏的【F6】或者按 F6 键，进入放码工具选项区，包括缩放控制、缩放修改、缩放规则、进行放码控制四项工具按钮。

1. ▭▤▤ *放缩量*

【放缩量】用来给没放缩的点输入放码量，还可以检查、修改放缩过的点的放缩量。操作步骤：

（1）选【放缩量】工具后，单击放码点，弹出输入放码量的对话框，如图 4-160 所示。

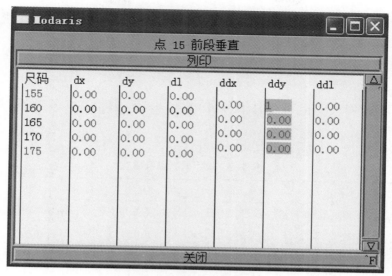

图 4-160 放缩量设置

（2）按住鼠标左键拖动【ddy】一列,使之变成灰色后松开鼠标,第一列变成黑色输入状态,输入数据,这里输入胸围放缩量 "1",按 Enter 键,刚才选中的整列数据都是 "1",单击关闭。

（3）按 F9 键可以显示放码的结果（即放码网状）,如图 4-161 所示。也可以在输入放缩量前,先按 F9 键,使放码网状变为显示状态,这样在输入数据时不需关闭输入窗口就可以看到放码网状。

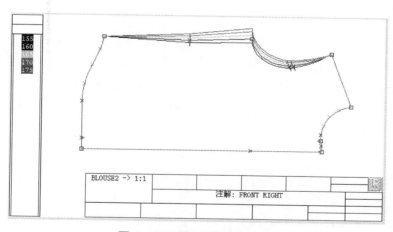

图 4-161 放码网状显示状态

【输入放缩量】对话框的各项参数的含义参如表 4-7 所示。

表 4-7 放缩参数的含义

参数名称	含　义	参数名称	含　义
dx	基码和其他码之间的 x 轴坐标差	ddx	相邻尺码间的 x 轴坐标差
dy	基码和其他码之间的 y 轴坐标差	ddy	相邻尺码间的 y 轴坐标差
dl	基码和其他码之间的直线距离差	ddl	相邻尺码间的直线距离差

如果以 dx、dy、dl 的方式输入数据，由于每个数据各不相同，则需单独输入；如果以 ddx、ddy、ddl 的方式输入数据，拖动鼠标左键，选中一列，输入数据后，按 Enter 键，就可以将一列数据都输入。因此，当均匀放缩时，各码之间放缩量相同，一般采用 ddx、ddy、ddl 的方式输入数据。

若要查看放缩网状显示，可以配合 F9 、F10 、F11 和 F12 键，各配合键的用法参如表 4-8 所示。

表 4-8 显示网状配合键

快捷键	功　　能
F9	显示预先选择的尺码，在没有选择任何尺码时，显示最小码、基码、跳码和最大码
F10	显示基码，即母板，主要是用于在显示放码网状的时候返回基码显示状态
F11 + F9	特殊尺码。显示最小码、基码、跳码、最大码
F12 + F9	显示所有码

预先选择尺码的方法：单击【选择】，按住 Shift 键单击尺码资料框内的要显示的尺码，可以是一个也可以是多个。按 F9 键显示预先选择的尺码。

2. 网状

【网状】与按 F9 键功能相同，在用鼠标配合 Shift 键选择资料框内要显示的尺码后，或者使用 F11 、F12 选择后，按此按钮显示选定的放码网状。若不选择任何尺码，则显示最小码、基码、跳码和最大码。

3. 特殊网状

【特殊网状】工具也可以配合 F9 、F10 、F11 和 F12 键使用，使用方法和【网状】相同，不过【特殊网状】呈现的是多级尺码的组合网状图。基本操作步骤为：

（1）在已经读入二级尺码的前提下，下拉菜单中勾选【尺码】/【特殊放缩 1】，使用放缩工具对裁片进行放缩（若勾选【特殊放缩 2】，可以进行三级放缩）。

（2）按 Ctrl + U 键显示资料框；用鼠标配合 Shift 键选择资料框内要显示的尺码，单击【特殊网状】，显示特殊放缩的网状，如图 4-162 所示。和【网状】工具一样，也可以配合 F9 、F10 、F11 和 F12 键使用。

4. 暂时靠齐一点

【暂时靠齐一点】可用来将所有尺码的纸样按指定的点临时对齐。操作步骤：按 F12 + F9 键显示放码网状；单击【暂时靠齐一点】；单击对齐点对齐各尺码。对齐点必须是显示出来的放码点，如果要使用曲线点对齐，要先按下状态栏上【曲线点】按钮，显示曲线点。在空白处单击即可还原。

5. 靠齐一点

【靠齐一点】用来将所有尺码的纸样按指定的点永久性对齐。选择工具后，单击要对齐的点即可。

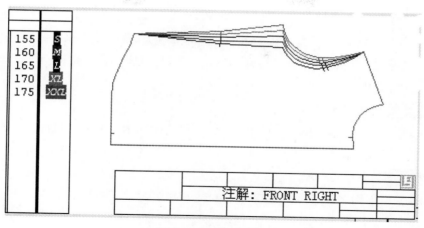

图 4-162　特殊网状

6. 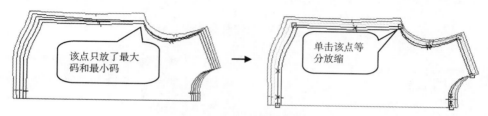 放缩量两点对齐

【放缩量两点对齐】工具用来在水平方向两点靠齐所有尺码。

7. 还原放缩

【还原放缩】用来将放缩点的放缩量还原为原始值。操作方法：选择工具后，单击要还原的放缩点即可，可以按住 Shift 键多选。还原时会将一级放缩、二级放缩和三级放缩量全部还原。

8. 取消放缩

【取消放缩】可用来将放缩点的 X 轴、Y 轴放缩量归零。用法同【还原放缩】。该操作会将各级放缩全部取消。

9. 等分放缩

【等分放缩】用来将尺码之间的放缩量作等分处理。操作步骤：

（1）按 F12 + F9 键显示放码网状；鼠标右键选择不想改变的尺码，可以按住 Shift 键多选。

（2）单击【等分放缩】；单击放缩点，将放缩点的放缩量等分，如图 4-163 所示的例子，只放了最大码和最小码，使用【等分放缩】后，将放缩量等分在全部尺码内。

![等分放缩示意图，左图标注"该点只放了最大码和最小码"，右图标注"单击该点等分放缩"]

图 4-163　等分放缩

10. 复印 X 值

【复印 X 值】用来将参考点的 X 轴方向放缩量复制给单个或多个目标点。

复制给单个点的操作步骤：首先按 F9 键显示放码网状；单击【复印 X 值】；单击参

考点；单击目标点即可。

复制给多个点的操作步骤：按 F9 键显示放码网状；【选择】工具选择一组目标点；单击【复印 X 值】；单击参考点；单击选中的一组目标点中的任一点，即可把参考点的放缩量复制给所有选中的目标点。

11. 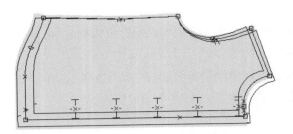 **复印 Y 值**

【复印 Y 值】用来将参考点的 Y 轴方向放缩量复制给单个或多个目标点。使用方法与【复印 X 值】工具相同。

12. **复印 XY 值**

【复印 XY 值】用来将参考点的 X 轴、Y 轴方向放缩量复制给单个或多个目标点。使用方法与【复印 X 值】、【复印 Y 值】工具相同。

13. **比率放缩**

【比率放缩】用来将两点之间的所有放码点按比率放缩。该工具只能应用在线段上。操作步骤：

（1）单击【比率放缩】；单击第一个参考点；单击第二个参考点时按住左键不放，在线段上出现粗白线，按空格键切换放缩的方向。

（2）确定方向后，放开鼠标，两参考点之间的点将以参考点的放缩量为基准按比率放缩。

14. **两点比率放缩**

【两点比率放缩】可用来将任意一个点或多个点依据任意两点放缩量按比率放缩。该工具通常用来推放扣位，操作方法如下：

（1）首先进行首尾两个扣位的放缩。在此分别复制了前领深点与前中下摆点的放缩量，如图 4-164 所示。

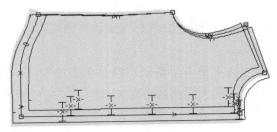

图 4-164　放缩两端的扣位

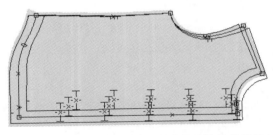

图 4-165　把其余扣位按照首位扣位作比率放缩

（2）单击【两点比率放缩】，依次单击首尾两粒扣位，将这两点的放缩量作为比率放缩的基准。

（3）单击中间没有放缩的扣位，一次只能操作一个点。重复操作，即可将中间的扣位作比率放缩，如图 4-165 所示。

15. 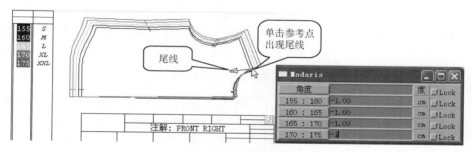 旋转放缩

【旋转放缩】用来将某个点的放缩量按照两个参考点确定的坐标轴旋转。操作步骤为：单击【旋转放缩】；单击第一个参考点，出现尾线；单击第二个参考点，单击时按住左键不松开，出现粗白线，按空格键确定方向后松开鼠标，操作完成。

16. 定向放缩

【定向放缩】可按照一定的方向或角度进行放缩。定向放缩的放缩量会累积在原放缩量上。

以沿着小肩线方向放缩肩宽为例，操作步骤：

（1）用【选择】工具选择要定向放缩的尺码；单击【定向放缩】。

（2）单击参考点（此处为颈肩点），出现尾线，可按空格键切换方向，尾线会沿着参考点所在线段、垂直参考点所在线段两个方向间切换。

（3）单击要定向放缩的点（此处为肩端点），弹出数据输入框，如图4-166所示，在【角度】输入框输入相对于尾线的角度，可以按角度放缩；其他输入框则是选中的各尺码间的数据，输入时，按尾线指示方向为正方向输入，按 Esc 键则会取消本次操作。输入数据后按 Enter 键，操作完成，如图4-167所示。

图 4-166 定向放缩数据输入

数据框内的【角度】输入框，输入的角度是和尾线的夹角，不输入数据表示沿尾线的正、负方向放缩；其余数据输入框的数据，沿尾线方向为正，否则为负。

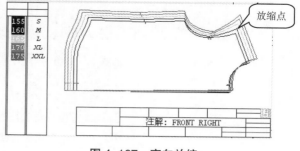

图 4-167 定向放缩

17. X 轴翻转 / Y 轴翻转

【X轴翻转】/【Y轴翻转】用来将某个点的放缩量按X轴、Y轴翻转，即调整Y/X值的正负。使用工具直接单击目标点即可，可以预先选择多点。

18. 转 45° / 转 90°

【转45°】用来45°旋转放缩量。选择工具后，直接单击要旋转的点即可。

【转90°】用来90°旋转放缩量，用法同【转45°】。

19. 复印线段

【复印线段】用来将参考线段的放缩量复制给另一线段。操作步骤：

（1）单击【复印线段】；单击参考点 1（参考线段的第一个端点），出现牵引线。

（2）单击参考点 2（参考线段的第二个端点），单击时按住左键不松开，出现粗白线，表示要复制的部分，按空格键可改变方向；确定方向后，松开鼠标。

（3）单击目标线段对应的两个端点，操作完成，如图 4-168 所示。

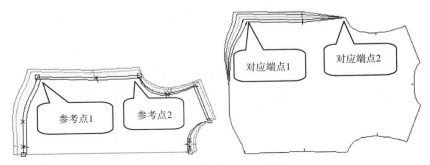

图 4-168　复制线段放缩量

20. 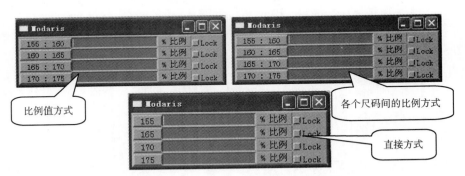　自动比例放缩

【自动比例放缩】用来配合不同的参数自动按比例放码。操作步骤：

（1）单击【自动比例放缩】按钮右上角的小三角,打开【自动比例放缩】设置对话框,选择比例方式。

（2）单击【自动比例放缩】；单击工作页，弹出数据输入框，不同的比例方式弹出的对话框不同（如果在比例方式中选择的【自动】方式,则不弹出对话框）,如图 4-169 所示,按　↓　方向键，进入数据输入框，输入数据后，按 Enter 键完成。

图 4-169　不同比例方式数据对话框不同

四、尺码系统、网状修改工具

单击工具选择栏内的【F7】或者按键盘上的 F7 键，打开尺码系统、网状修改工具栏。

1. 　读出尺码表

该工具可读出尺码表并应用于所需的工作页上。

（1）针对没有尺码表的款式系列读入尺码表。操作步骤为：

①按 Ctrl + U 键显示资料框；单击【读出尺码表】按钮。

②在款式系列图标资料框内的尺码表头部单击，弹出路径对话框；打开尺码文件即可，如图 4-170 所示。

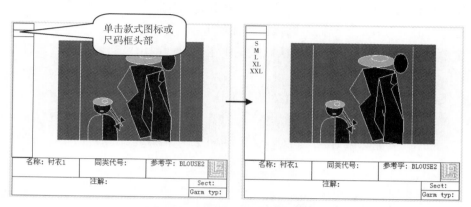

图 4-170 给款式系列读入尺码表

（2）为二级放缩、三级放缩读入尺码表。操作步骤：

①按 Ctrl + U 键显示资料框；下拉菜单中勾选【尺码】/【特殊放缩 1】（或者勾选【特殊放缩 2】）。

②在款式系列图标的资料框内的尺码表头部单击，弹出路径对话框；打开尺码文件即可。读入的尺码表如图 4-171 所示。

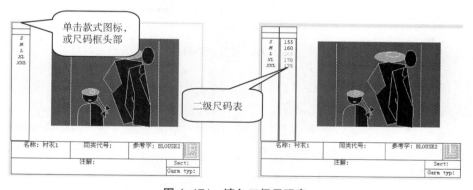

图 4-171 读入二级尺码表

2. ▅▅▅▅▅ 复印尺码表

【复印尺码表】用来把当前工作页上内的尺码表复制给另一个工作页。操作步骤：

（1）显示资料框；按 Ctrl + A 键，或者下拉菜单【选择】/【选所有工作页】。

（2）单击【复印尺码表】；在参考工作页的尺码表内单击；然后在已选工作页的尺码表内单击。

如果是转换尺码表，参考工作页应该是【款式系列】工作页。要注意放缩量会随着尺码表的改变而有所调整。

3. ▰▰▰▰ **建立对应尺码**

该工具可建立两组不同尺码系统的相互对应关系。主要用于更换尺码系统。例如，将现在使用的是 155/160 数字尺码系统更换为 smxlxxl 文字尺码系统，若直接读入文字码，则原有的放缩量被改变了，如果不想让放缩量改变，可以为这两种尺码系统的建立对应关系。建立对应关系并更换尺码表的操作步骤如下：

（1）单击【读出尺码表】；单击【款式图】工作页，弹出对话框，选择要对应的尺码表 smxlxxl。

（2）下拉菜单中勾选【尺码】/【对应尺码】，显示对应尺码。

（3）单击【建立对应尺码】按钮，在一个裁片工作页中，作两种尺码系统的一一对应，如图 4-172 所示。要删除做错的尺码对应关系，单击【删除对应尺码】按钮，单击对应线即可。

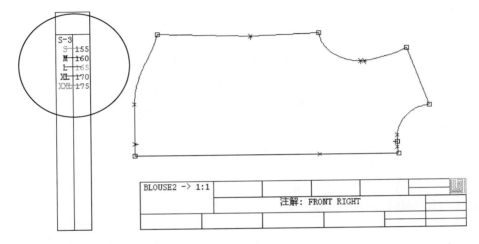

图 4-172 建立尺码对应

（4）按 Ctrl + A 键，全选工作页；按 i 键，左键单击【款式图】工作页，右键单击【成衣】，把这两个工作页的选中状态取消。

（5）单击【复印尺码表】；左键单击【款式图】，左键单击做完对应的资料框尺码表，然后单击另外一个裁片工作页的资料框尺码表。

（6）按 Ctrl + A 键；单击【重命名尺码】。

（7）单击【款式图】，然后单击一个裁片工作页（不是开始作对应的工作页）。对应后的尺码表如图 4-173 所示。

（8）下拉菜单中取消【尺码】/【对应尺码】勾选，操作完成。

4. ▰▰▰▰ **删除对应尺码**

【删除对应尺码】可用来删除使用【建立对应尺码】工具时操作错误的尺码对应关系。操作方法，单击【删除对应尺码】，然后单击尺码对应关系可删除。

5. ▰▰▰▰ **增加尺码**

【增加尺码】工具用来在尺码表内增加一个新尺码，用于数字码。操作步骤如下：

（1）显示资料框；单击【增加尺码】。

（2）在尺码表内单击左键，弹出数据输入框，如图 4-284 所示；然后在输入框内输入尺码代号后，按 [Enter] 键。

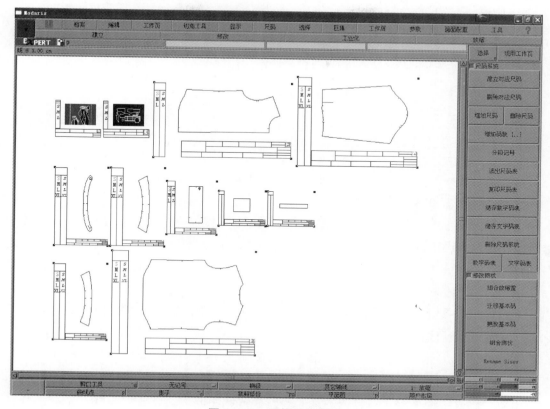

图 4-173　更换尺码表后

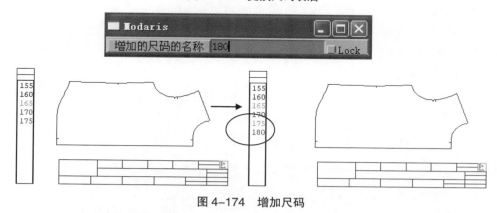

图 4-174　增加尺码

6. 删除尺码

【删除尺码】用来在尺码表内删除多余的尺码。操作步骤：显示资料框；单击【删除尺码】；在尺码表内直接单击多余的尺码即可删除。

7. 增加码数

【增加码数】用来在两个尺码之间插入一个或多个尺码。操作步骤：

（1）显示资料框；单击【增加码数】。

（2）依次在尺码表内两个相连的尺码上单击，弹出数据输入框；在数据输入框内输入要增加的尺码数目，如图4-175所示，按 $\boxed{\text{Enter}}$ 键确认。

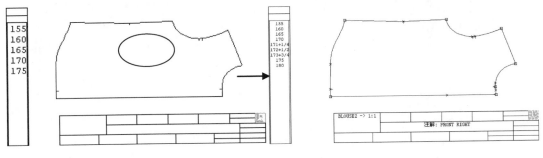

图 4-175　增加码数

8. ████ 分段记号

【分段记号】用来在尺码表上设定分段尺码记号。操作方法：显示资料框；单击【分段记号】；在要设定分段记号的尺码上单击，即可设定分段尺码记号，设定的分段记号的尺码显示为红色。

9. ████ 删除尺码系统

【删除尺码系统】用来删除工作页内的【特殊放缩1】、【特殊放缩2】尺码系统，即删除二级、三级放缩。

操作方法：显示资料框；单击【删除尺码系统】；在要删除的尺码表名称处单击即可。

10. ████ 数字码表

【数字码表】用来将工作页内的尺码表转换成数字码表。其操作步骤：显示资料框；单击【数字码表】；在尺码表内单击。转换后应储存数字码表才可以看到效果。

11. ████ 文字码表

【文字码表】用来将工作页内的尺码表转换成文字码表。操作方法同【数字码表】工具。

12. ████ 组合放缩量

【组合放缩量】用来将一个或多个号型上的放缩点的放缩量组合到某一个号型上，母板不能作为组合号型，但可作为被组合到的号型。操作步骤：

（1）单击【组合放缩量】；单击放缩点，弹出数据输入框，如图4-176所示。

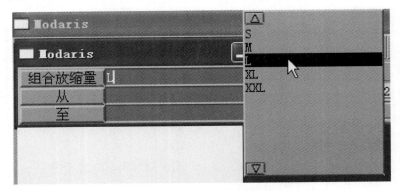

图 4-176　选择被组合号型

（2）在【组合放缩量】编辑框，输入要组合放缩量的目标尺码，或者按 Tab 键，可以在尺码列表中选择，这里选择【L】，如图 4-176 所示。

（3）在【从】编辑框，输入要组合的起始尺码，或者按 Tab 键，可以在尺码列表中选择，这里选择【XL】。

（4）【至】编辑框，输入要组合的终止尺码，或者按 Tab 键，可以在尺码列表中选择，这里选择【XXL】。

（5）数据输入完毕后，按 Enter 键，指定的 XL 和 XXL 尺码被组合到指定的 L 尺码上，如图 4-177 所示。

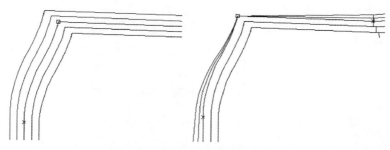

图 4-177 组合放缩量

13. 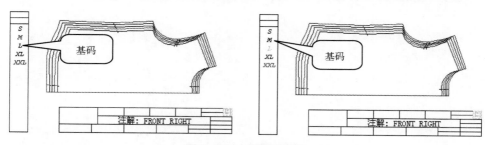 迁移基本码

【迁移基本码】用来将其他尺码指定为新的基本码。例如，原来的基码是 L，现在指定 M 码作为基码。各个尺码的尺寸都没有改变，只是基码由 L 变成了 M。其操作步骤如下：

（1）显示资料框；单击【迁移基本码】。

（2）在尺码表内单击要作为基码的尺码，如单击 M 码，则 M 码变成白色基码，如图 4-178 所示。

图 4-178 迁移基本码

14. 更改基本码

【更改基本码】用来将其他尺码更改为新的基本码，例如，原来的基码是 L，现在将 M 码更改为基码，则原来的 M 码就成为新的 L 码。白色显示的基码仍然是 L 码，但是其尺寸已经改为了原来的 M 码的尺寸，因此做了更改基本码之后，基本码的代号不变，其尺寸却改变了，其余各尺码的尺寸都有相应的变化。操作步骤：

（1）显示资料框；单击【更改基本码】。

（2）在尺码表内单击左键，弹出对话框，如图 4-179 所示，输入新的基本码尺码代号（可以按 Tab 键选择代号），单击 Enter 键。在此选择 M 码，单击 Enter 键，则 M 码的纸样转变成 L 码成为基码，其余各码的纸样依次变化，如图 4-179 所示。

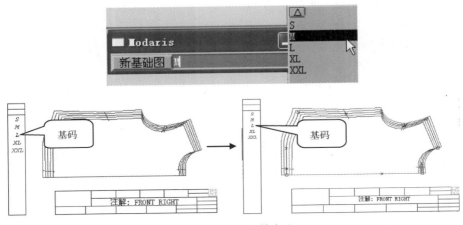

图 4-179　更改基本码

15. ▭▭ ▭▭ 组合网状

【组合网状】用来将工作页组合成为一组放码网状，要求组合的纸样点数必须相同。该工具通常用于读图中。例如，手工放码处理过的纸样，通过读图方式将其输入系统，就需要将各个尺码重新组成网状才能进行诸如排板等操作。

例如，将图 4-180 中的各个纸样组合成网状，操作步骤：

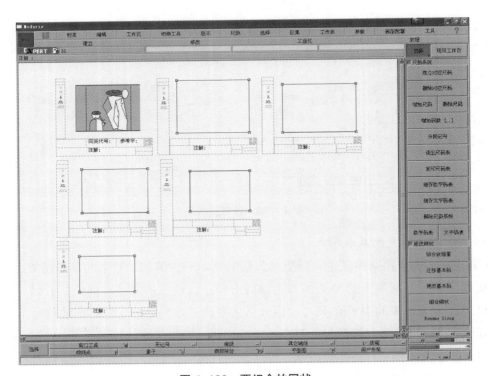

图 4-180　要组合的网状

（1）显示资料框；下拉菜单中勾选【显示】/【比率尺】，在工作页内显示比率尺，需要逐个工作页操作。显示比率尺的工作页，如图 4-181 所示。

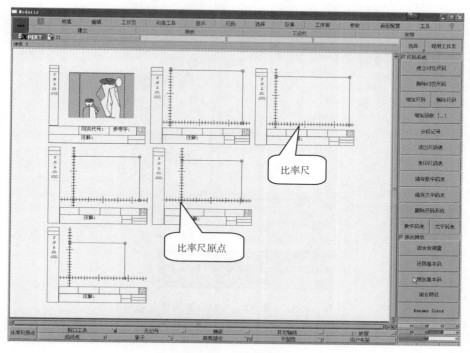

图 4-181　显示比率尺

（2）下拉菜单中勾选【显示】/【比率尺原点】，在工作页内单击纸样原点。要组合的每个工作页（包括母板）都要设置原点，原点位置应该是同一位置，在本例中，如图 4-181 所示，均选择了纸样的左下角点作为原点。

（3）在此先将 XXL 号组合到母板 L 号上，单击【选择】，在母板 L 号的尺码表内，鼠标左键单击 XXL，使其呈选中状态。

（4）单击【组合网状】；单击 XXL 号的原点，左键按住图 4-182 所示 A 点，出现粗白线为选择线，单击母板 L 号的原点，左键按住母板 L 号上对应的 A 点，出现粗白线，松开鼠标弹出对话框，单击 Enter 键，组合到母板上一部分线段。

（5）单击 XXL 号的原点，左键单击图示 A 点不要松开鼠标，出现粗白线，按空格键切换至没有组合的另一段线，松开鼠标，单击母板 L 号的原点，单击对应的 A 点不要松开鼠标，出现粗白线，按空格键切换至没有组合的另一段线，松开鼠标，弹出对话框，按 Enter 键，XXL 号就组合到了 L 号上，如图 4-183 所示。

（6）重复步骤 3 ~ 5 将其他尺码也组合到母板上。按 F12 键 + F9 键可以显示放码网状，如图 4-184 所示。

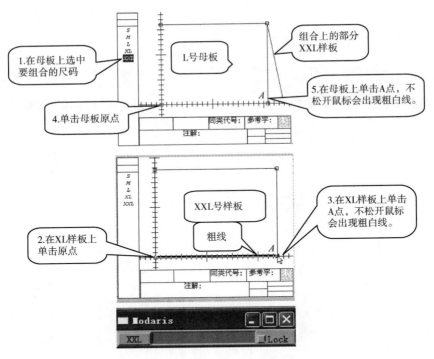

图 4-182　将 XXL 号组合到母板 L 号

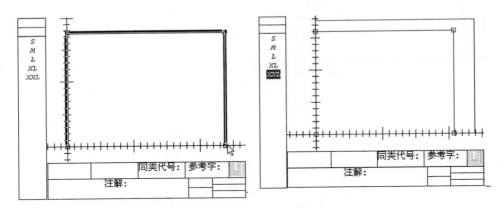

图 4-183　组合 XXL 号余下的一段线

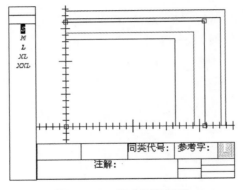

图 4-184　组合后的网状

五、推板实例

与设计纸样一样,要熟练掌握使用服装 CAD 软件进行纸样放缩的方法,必须多加练习,不断积累经验和技巧,才能达到融会贯通的效果。在此以西裤的放码为例,讲解并总结应用力克 Modaris 放码系统的操作方法和技巧。西裤的参考档差见表 4–9。

表 4–9　裤装档差

单位：cm

部位	档差	部位	档差	部位	档差
裤长	3	腰围	4	裤口	0.5
立（上）裆	0.5	臀围	3.2		

（1）读入尺码表。如果在建立款式的时候没有读入尺码表,这时要为款式系列读入尺码表。操作步骤：

①在记事本中新建需要的尺码表,文字码或数字码均可,然后将尺码表保存。也可以调用以前建立过的旧尺码表。

②显示资料框；按 F7 键,单击【读入尺码表】,单击【款式】工作页,弹出路径对话框,找到放置尺码表的路径,双击尺码表读入。

③按 Ctrl + A 键,全选工作页,单击款式工作页资料框头部,单击另一个工作页资料框的头部,为所有的工作页读入尺码表。

（2）放缩前片。放码基点设置在裤烫迹线和横裆线的交点。放码基点,即放码基准点,其放码量为（0,0）,该点无须设定,放码时纸样其他各点的放缩量则依据此基点计算。

①如图 4–185 所示 A 点：纵向放缩上裆长度,放缩量为 0.5cm；横向放缩腰围,放缩量 0.7cm[腰围档差 1/4（1cm）— J 点的放缩量（0.3cm）]。A 点的放码操作为：按 F5 键,单击【放缩量】按钮,单击 A 点,在弹出的对话框内,左键拖动【ddx】一列,使其全选,输入 "–0.7" 后单击 Enter 键,左键拖动【ddy】一列,使其全选,输入 "0.5" 后单击 Enter 键,可以看到该点放码后的点位,按 F12 + F9 键,显示放码网状。

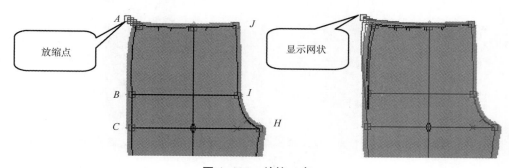

图 4–185　放缩 A 点

②B 点横向缩放臀围，放缩量 0.5cm。同放 A 点一样的方法输入 B 点的放缩量，ddx "–0.5"、ddy "0"。

③C 点横向缩放横档，同放 A 点一样的方法输入 C 点的放缩量，ddx "–0.45"、ddy "0"。

④D 点横向缩放 0.3cm；纵向放缩 1.25cm，是 E 点的 1/2。同放 A 点一样的方法输入 D 点的放缩量，ddx "–0.3"、ddy "–1.25"。

⑤E 点横向缩放 0.25cm 是裤口档差的 1/2；纵向放缩 2.5cm，是裤长档差减去 A 点的 0.5cm。同放 A 点一样的方法输入 E 点的放缩量，ddx "–0.25"、ddy "–2.5"，如图 4–186 所示。

⑥单击【复印 XY】，单击参考点 E，单击目标点 F。

⑦同样的方法，将 D 点的放缩量复制给 G 点；将 C 点的放缩量复制给 H 点。

⑧由于复制后的放缩量，X 值正负号相反，所以，单击【Y 轴翻转】，单击 F、G 和 H 点。

⑨单击【放缩量】，单击 I 点，在弹出的对话框内，左键拖动 ddx 一列，使其全选，输入 "0.3"，按 Enter 键。

⑩单击【复印 Y】，单击参考点 A，单击目标点 J，把 A 点的纵向放缩量复制给 J 点。

⑪单击【复印 X】，单击参考点 I，单击目标点 J，把 I 点的横向放缩量复制给 J 点，如图 4–187 所示。

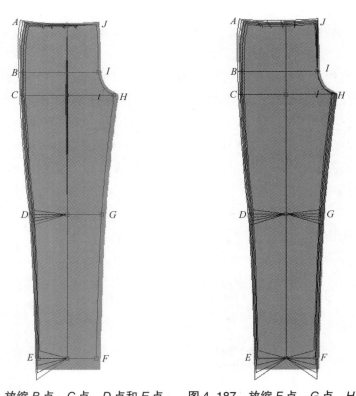

图 4–186　放缩 B 点、C 点、D 点和 E 点　　图 4–187　放缩 F 点、G 点、H 点、I 点和 J 点

⑫单击【两点比率】，单击 E 点，按住 F 点，按住空格键切换路径为脚口线 EF，将

中间点按比例放缩。

⑬ 同样的方法，按比率放缩中档线 *DG* 的中间点。

⑭ 单击【两点比率】，单击 *J* 点、*H* 点，将 *HI* 之间的特性点按比例放缩。

⑮ 放缩褶裥。单击【复印 XY】，将 *A* 点放缩量复制给左侧褶裥的两点；将 *J* 点放缩量复制给右侧褶裥的两点。前片放码网状如图 4-188 所示。

（3）按照前片的方法放缩后片，如图 4-189 所示。

（4）放后片腰省。只放位置，不放大小。单击【比率放缩】，单击 *A* 点、*J* 点，将省道按照比率放缩；单击【复印 XY】，将 *K* 点放缩量复制给 *L* 点、*M* 点，如图 4-190 所示。

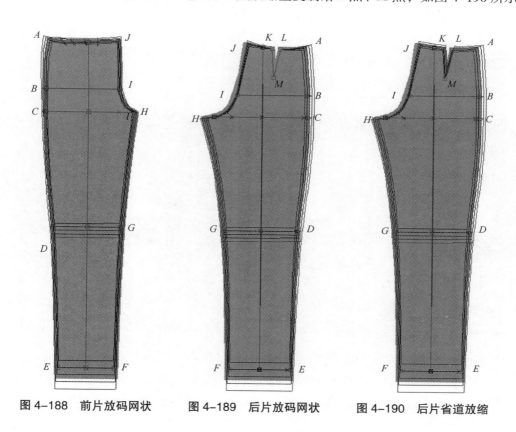

图 4-188　前片放码网状　　　图 4-189　后片放码网状　　　图 4-190　后片省道放缩

第三节　力克排料系统

力克服装 CAD 排料（排版）系统按照人机对话的形式可以分为自动排料和交互式排料；按照布料种类又可以分为素色布（单色布）排料和图案布（对条对格）排料。

本节内容主要包括成衣档案的制作、素色布排料、智能排料和图案布排料。

一、建立成衣档案

进入排料系统之前，需要在 Modaris 内做好成衣档案。制作成衣档案的工具在 $\boxed{F8}$ 键工具选项栏内。成衣档案的制作主要包括新建、修改成衣档案和打开已有的成衣档案，在成衣档案内做对条、对格设置等内容。

（一）新建、修改成衣档案

要进入排料，必须建立成衣档案，成衣档案可以建立多个。新建成衣档案的步骤如下：

（1）按 $\boxed{F8}$ 键，或者单击工具选择栏上的【F8】，单击【成衣档案】按钮。

弹出对话框，在输入框内输入成衣档案的名称，名称可以和款式系列的名称相同，但只能用英文字母，不能用中文，输入后单击 $\boxed{Enter}$ 键。

（2）弹出【成衣项目】对话框，如图 4-191 所示。

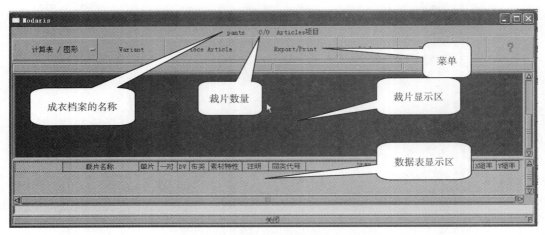

图 4-191　【成衣项目】对话框

（3）仍然在 Modaris 主界面内，单击 $\boxed{F8}$ 工具选项栏内的【建立裁片项目】按钮。

（4）在 Modaris 主界面内（按 $\boxed{8}$ 键可以显示全部裁片），单击要做成成衣的裁片，

可以右键拖框多选后，单击其中一个选中的裁片，所有选中的裁片将被读入【成衣项目】内，如图 4-192 所示。

（5）修改成衣档案内的裁片资料。裁片读入时，系统以默认的方式设置裁片的排料信息，用户要按照自己的需要在数据表中修改资料。数据表中各项的含义和输入方法如下：

【裁片名称】：显示读入的裁片的名称，单击名称，裁片显示区对应的裁片会以亮光显示。

【单片】：单击，输入单片排料数量，需要对称的裁片不要在这里输入。

【一对】：排料时需要水平对称的裁片数量。如，输入"1"，排料时会读入水平方向对称的一对裁片。

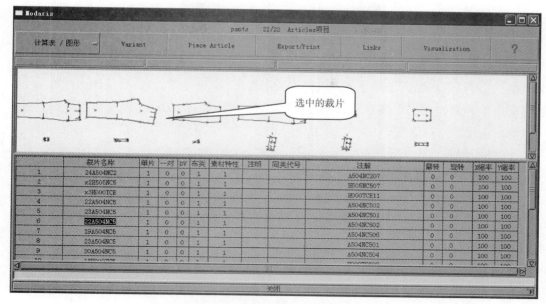

图 4-192　将裁片读入成衣项目内

【DV】：排料时需要垂直对称的裁片数量。如，输入"1"，排料时会读入垂直方向对称的一对裁片。

【布类】：布料的种类，最多可以输入两个字，数字或者英文字母。如，输入"1"来表示面料，输入"2"表示里料等。

【素材特性】：布料素材的种类。如，输入"1"代表面料。输入"2"代表皮革等。

【注明】：成衣注明。最多六个字，数字或者英文字母。

【同类代号】：裁片同类代号。最多九个字，数字或者英文字母。

【注解】：输入需要对裁片的说明。最多九个字，数字或者英文字母。

【翻转】：允许排料时以水平轴作对称轴翻转裁片，输入"0"不翻转，输入"1"翻转。

【旋转】：输入排料时允许旋转裁片的度数，输入 0 ~ 360° 的数值。

【X 缩率】：X 轴方向的缩水率，按照 Modaris 界面设置的比例单位输入，下拉菜单【参数】/【比例】，设置比例输入的单位。

【Y 缩率】：Y 轴方向的缩水率，按照设置的比例单位输入。

另外【成衣项目】内的菜单功能也可以起到辅助设置成衣档案的作用。

（6）如果是素色布排料，按照需要设置完各项参数后，单击【关闭】按钮关闭成衣项目对话框，成衣档案就设置好了；如果是图案布排料还要设置对图案点和线，具体方法在后面讲述。

力克 Diamino 系统的排料文件有两种格式：PLA 格式和 PLX 格式。如果使用 PLA 格式，做完成衣档案后，需要输出成衣，才能够进入排料。输出方法为：下拉菜单【档案】/【输出成衣】，系统会把成衣和裁片输出，输出的成衣文件为 VET 文件，裁片为 IBA 文件（在

第一节纸样设计实例中输入的原型纸样，就是用【输出成衣】输出的 IBA 文件）。如果使用 PLX 格式排料，则无须输出成衣。

如要打开已有的成衣档案，操作方法如下：按 F8 键，单击【成衣档案】按钮，弹出对话框；在对话框内输入已建立的成衣档案的名称后按 Enter 键，或者直接单击黄色的【成衣档案】工作页，弹出【成衣项目】对话框，重新打开已建立过的成衣档案资料，可以再次编辑裁片的排料信息。

（二）更换、修改成衣档案内的裁片

如果【成衣档案】内的某些裁片需要更换，操作方法如下：

（1）打开【成衣项目】对话框；在【成衣项目】对话框内，单击裁片名称，选中要被更换的裁片。

（2）回到 Modaris 界面内，单击【F8】工具选项栏内的【选裁片】按钮；单击正确的裁片即可完成更换。

如果要修改【成衣档案】中的某些裁片上的点、线等，则无需打开成衣档案，在 Modaris 界面内的裁片工作页上使用工具按钮修改即可，成衣档案内对应的裁片会自动跟随修改，保存款式时，成衣档案会自动随之保存。

（三）在成衣档案内为图案布排料做裁片联结处理

如果要在图案布上对点或者对条格排料，首先要在【成衣档案】内对裁片作对点、对条对格的设置。设置方法如下：

（1）打开【成衣项目】对话框。

（2）在【成衣项目】内下拉菜单【可视化】，将【显示 / 隐藏关联】选项打勾，这时裁片显示区的裁片边界点会显示出来，其余显示隐藏功能可按需求勾选。

（3）选择对条对格的裁片。

（4）按住菜单显示项选择【图形】显示方式（只显示裁片图形，关闭资料表），如图 4-193 所示；然后下拉菜单【可视化】/【选择可视化】，在界面上只显示选中的裁片。这样要建立联结的裁片被放大，做联结时更清楚、方便。

图 4-193　选择图形显示方式

（5）在【成衣项目】内下拉菜单【Links】，设置水平放置和垂直放置的方式；在【水平放置】、【垂直放置】内选择不同的方式，排料时对裁片的定位也不相同，各参数的含义见表 4-10。

根据需要在【水平放置】中的【自动】、【固定】和【对称】三个方式中勾选一个；在【垂直放置】中的【自动】、【固定】和【对称】三个方式中勾选一个。如果要采用【对称】方式，则要设置条纹数目，单击【条纹数目】，在对话框中输入条纹数目，按 Enter 键关闭。

例如,这里将【水平放置】和【垂直放置】中的【固定】勾选,即联结的两点要按照水平和垂直两个方向条纹的同一位置定位。

(6)下拉菜单【Links】中,勾选【加联系点】。

(7)在裁片显示区,单击对应联系点,在联系点之间显示联结的线条,如图4-194所示。

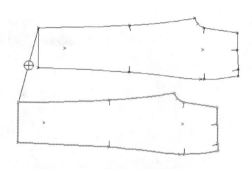

图4-194 联结对条对格的裁片

表4-10 对条对格裁片的联结方式

固定	联结片上对应的两个联结点根据条纹以相同的方式放置,即根据水平和垂直条纹放置时,间距应相同	示例:图中是水平条纹和垂直条纹均为固定的放置方式
自动	没有定位限制	示例:图中是水平条纹固定和垂直条纹自由的排料放置方式
对称	联结片上对应的两个联结点根据条纹以对称方式放置,必须指出选中条纹的数量	示例:图中是水平条纹对称和垂直条纹自由的排料放置方式

二、素色布排料

(一)设置存取路径

为了方便读取与保存文件,要先设置路径和格式等内容。设置步骤如下:

(1)双击桌面上的图标 ，打开排料系统。

(2)在排料界面内下拉菜单【档案】/【存取路径】,打开【存取路径】对话框,如图4-195所示。

(3)双击【输入】路径编辑框,打开路径窗口,设定正确的存取路径。

(4)同样的方法设置其他路径。如果使用的路径全部相同,在【输入】编辑框双击,设置好路径后,单击 ，复制给同类路径,单击红色的按钮 ，复制给【写入】和【同类排料】,如果设置错误,可以单击【删除】按钮,删除所有设置。

(5)设置几何格式:IBA裁片;VET成衣;MDL款式系列。单击 按钮,更改大小写。

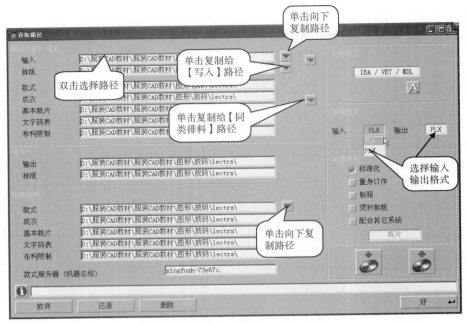

图 4-195 　【存取路径】设置

（6）设置排板格式：设置输出输入格式，左键按住格式框，在下拉列表中选择 PLA/PLX。选择 PLA 格式，需要在 Modaris 中建立成衣档案后输出成衣，而 PLX 为新格式，无需输出成衣，可以直接读取 MDL 款式系列中的成衣档案，建议使用 PLX 格式。

（7）如果想把路径的设置存储起来，单击 按钮，将路径设置取名以文件形式存储，以后可以单击 打开储存的路径设置。

（8）设置完毕后，单击 Enter 键或者单击【好】按钮，退出【存取路径】对话框，完成存取路径的设置。

（二）建立布料限制

布料限制，用来设置排料时所使用的布料的名称、裁片旋转限制和裁片放置限制等信息。素色布交互式排料时，可以不设置布料限制。设置的方法如下：

（1）下拉菜单【档案】/【布料限制】/【建立布料档】,打开【布料概要】的对话框，如图 4-196 所示。

（2）在【布料名称】输入框内，输入排料时所使用的布料名称，只能输入 31 个字符以内的英文。

（3）在【注解】输入框内输入注解内

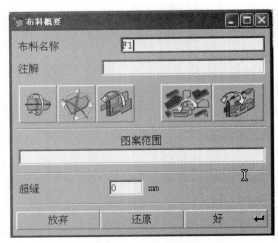

图 4-196 　【布料概要】对话框

容（可不输），采用中文或英文均可。

（4）使用按钮设置裁片处理的限制，各个按钮的含义见表 4-11。

表 4-11 裁片处理按钮与含义

按钮	含义
	允许裁片以 X 轴为对称轴翻转
	不允许裁片以 X 轴为对称轴翻转
	允许裁片自由旋转
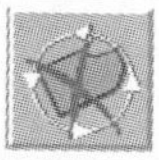	不允许裁片自由旋转
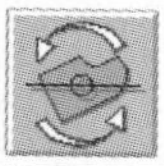	允许裁片 180° 旋转
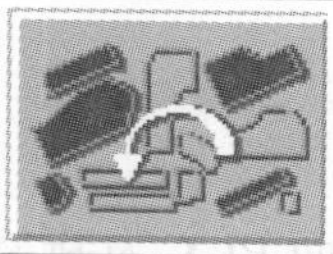	允许同一尺码的裁片一起旋转
	不允许同一尺码的裁片一起旋转
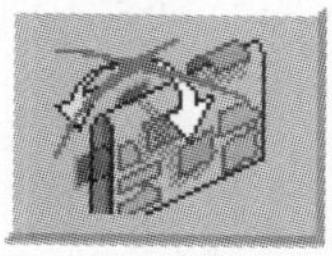	在折叠布料、圆筒布料排料时，允许某一尺码的裁片改变所在层
	在折叠布料、圆筒布料排料时，不允许某一尺码的裁片改变所在层

单击 图标，打开有多个按钮组成的窗口，在窗口中单击按钮选择裁片放置的方式，各按钮的含义见表 4-12。

表 4-12 裁片的放置方式

按钮名称	功能
	折叠或圆筒布料排料时，禁止裁片改变层
	折叠或圆筒布料排料时，允许裁片改变层
	折叠或圆筒布料排料时，允许裁片在上方或者下方折叠

按钮名称	功能
	折叠或圆筒布料排料时，允许裁片在上方折叠
	折叠或圆筒布料排料时，允许裁片在下方折叠
	只允许裁片在上部或者下部贴边放置
	只允许裁片在上部贴边放置
	只允许裁片在下部贴边放置
	只允许裁片居中放置
	只允许裁片中部在中线上方放置
	只允许裁片中部在中线下方放置
	可对已选定的位置标明其公差量值，范围是 0 ~ 99cm 或 0 ~ 39 英寸

（5）设置【超缝】：在数据输入框输入 0 ~ 100 毫米的数值。主要考虑到裁剪后的面料磨损时，给裁片预先留出的磨损量。

（6）单击【好】按钮，确认设置，弹出说明已存储的对话框，单击【好】按钮完成【布料限制】的设置。

（三）建立新排料图文件

要把在 Modaris 中做的成衣档案读到 Diamino 中排料，首先需要建立新排料图文件。

排板界面内下拉菜单【档案】/【新档】，弹出【排板图概要】对话框（图 4-197 所示）和【排板内容】对话框（图 4-198 所示）。

（1）设置【排板图概要】中的参数：

①【排板】信息：

【名称】：输入排料文件的名称，可以与款式同名（因为扩展名不同）。

【代号】：系统默认为 A，可根据需要，自行设置。

【重要性】：在编辑框内按住鼠标左键，向下拖动，从高、正常和低三个选项中选择。

【% 于订单】：占整张订单输入百分比。

【注解】：输入注解内容，可输入中文。

②【幅宽】信息：

【宽度】：输入布的幅宽，数据控制在 0.10 ~ 3.25m 或 3.9 ~ 127.9 in。

【极限长度】：系统默认值已经足够长，一般不需要改动。

【布边值】：输入布边值，数据应在 0 ~ 99mm。如果是单层布料或者双层布料，则实际排料布幅 = 幅宽 — 2×布边值；如果是对折布料，则实际排料布幅 = 幅宽 — 布边值；如果是圆筒布料，不管是否输入布边值，都认为没有布边，即实际排料布幅 = 幅宽。

③【布料】信息：

【名称】：输入布料名称，要与布料限制内的名称一致。

【代号】：有代号的话，输入代号，比如厂商的名称、代号等。

【种类】：要与成衣档案的设置一致，如面料，里料，衬料等。

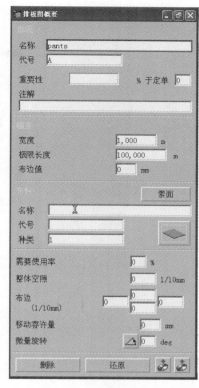

图 4-197 【排板图概要】对话框

【 素面 】：单色布排料；单击【素面】按钮，【素面】按钮即可转变为【条纹】按钮，即对条对格排料，进入【修改条纹】对话框，设置布料的条格。

④【铺料的类型】相关信息： ，表示单层布；单击按钮，会在 单层布料、双层布料 、圆筒布料 之间切换，根据需要选择铺布方式。

⑤【需要使用率】相关信息：输入预期的面料使用率，最大 99%。

⑥【整体空隙】相关信息：输入裁片之间的空隙量。

⑦【布边】相关信息：输入上、下、左、右四个方向的布边量。

⑧【移动容许量】相关信息：输入允许裁片间重叠的最大量。

⑨【微量旋转】相关信息：输入允许裁片轻微旋转的最大值。

如果要保存【排料概要】中的参数设置，单击 按钮，在如图 4-198 所示的对话框中输入文件名称，把【排料概要】中的参数配置以文件的形式储存起来；如果要读出【排料概要】中的参数配置文件，单击 按钮，找到保存的文件，打开即可，这样在【排料概要】参数设置类似的情况下，可以节约人力，提高工作效率。

（2）设置【排板内容】：

①在【款式名称】编辑框内双击，

图 4-198 【标记通用信息名称】对话框

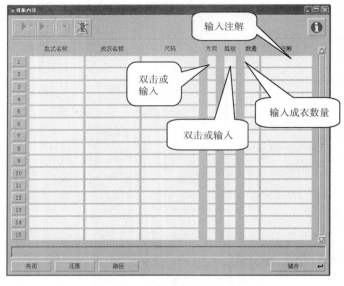

图 4-199　【排板内容】对话框

会自动打开前面设置好的默认路径，如图 4-200 所示，选择款式系列的名称打开。如果在开始没有设置路径，单击下方【路径】按钮，打开路径对话框，设置路径。如果使用 PLA 格式，【款式名称】输入框不需输入内容，也不要双击。

②在【成衣名称】编辑框内双击，系统会自动从设置的路径中寻找款式名称中的成衣档案，把所有的成衣档案列在对话框中，如图 4-201 所示，从中选择要排板的成衣档案，关闭对话框。如果使用 PLA 格式，双击【成衣名称】输入框，在路径里选择 VET 文件。

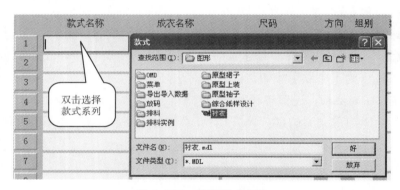

图 4-200　选择款式名称

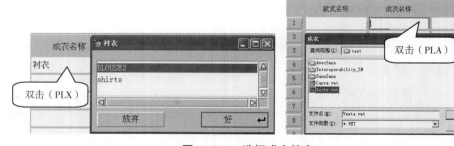

图 4-201　选择成衣档案

③在【尺码】编辑框内双击，在尺码列表中选择尺码，如图 4-202 所示，也可以直接输入尺码。

④在【方向】内双击系统自动输入"1"，或者输入。如果成衣裁片进入排料时与成

衣档案内的成衣方向保持一致则输入"0";如果需要把在成衣档案内的裁片旋转 180°，则输入"1"。

⑤在【组别】内双击，或者输入。如果要多组排料，则输入组别；如果不分组，则输入"1"（也可以直接双击）。

⑥【数量】：输入相同尺码所需要的成衣数量。

⑦在【注解】内输入注解。

⑧同样的方法设置其他尺码。各行设置基本相同时，可以单击第一行的序号，选中第一行，然后单击【复制行】按钮向下复制，如图 4-203

图 4-202 选择尺码

所示，再逐行修改尺码和排料数量即可。在第二行，双击尺码编辑框时，会显示特殊放缩列表，要显示一级放缩列表，把尺码后的分号删除，再双击即可。

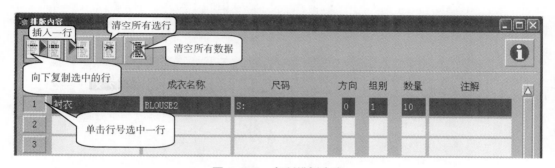

图 4-203 复制排板内容

（3）储存排板：单击【储存】按钮，弹出对话框，如图 4-204 所示，确认路径和排板文件名称正确，单击【好】按钮储存。

图 4-204 储存排板文件

单击【排板内容】内的【关闭】按钮，将【排板内容】、【排板概要】关闭（进入排料前必须关闭）。

若要修改【排板概要】/【排板内容】，下拉菜单【档案】/【修改】，弹出如图 4-205 所示对话框，选择要修改的【排板概要】/【排板内容】名称，重新打开【排板概要】/【排板内容】对话框，修改完毕后，储存、关闭。

图 4-205　修改【排板概要】/【排板内容】

（四）打开新排料文件

关闭【排板概要】/【排板内容】窗口后，就可以打开排料文件进行排板了。打开排料文件的方法为：下拉菜单【档案】/【开启】，在弹出的【写入】对话框中根据路径选择排板文件，单击【好】按钮，进入排料界面，如图 4-206 所示。

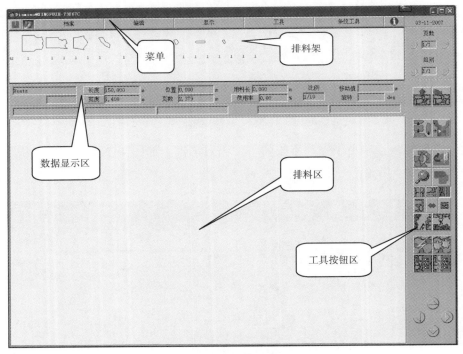

图 4-206　排料界面

排料界面内包括以下几项内容：菜单、状态栏、工具按钮和排料区。

在排料区可以使用排料快捷键和排料工具按钮进行排料，具体排料方法在下面介绍。

（五）排料操作

排料区的操作是通过功能按钮和快捷键来完成的，当使用数字键盘上的快捷键时，数字键盘应该在锁定状态，即 Num Lock 键的指示灯不亮的状态。

1. 将裁片从排料架移到排料区

（1）将单个裁片从排料架移到排料区：

①选择模式。将裁片从排料架移到排料区有两种模式：手动模式和自动模式。单击 按钮，会在手动模式 和自动模式之间 切换。

②在排料架上裁片图下方的数字上单击鼠标左键，单击一下，数字会减少 1，如果是自动模式，系统会自动把裁片放置到排料区；如果是手动模式，鼠标光标会自动跟随取下的裁片到排料区，单击放下裁片。如图 4-207 所示。

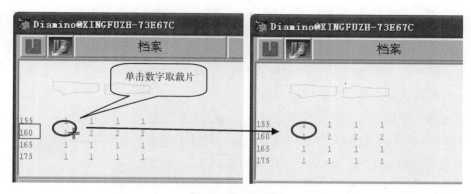

图 4-207　取裁片

（2）将相同的裁片一次全部读到排料区，操作方法如下：

①选择自动模式。

②将鼠标放在排料架上裁片图下方的数字上，同时按下数字键盘上的 0 键和 Enter 键，数字减小到 0，自动放置到排料区，如图 4-208 所示。

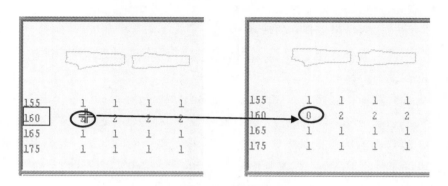

图 4-208　读相同裁片

（3）取下一个与排料区的参考裁片相同的裁片，操作方法如下：

①在排料区，将光标移动到要取同样裁片的参考裁片上。

②按下数字键盘上的·键，在排料区自动出现一个和参考裁片相同的裁片，单击左键将其放下。排料架上该裁片对应的数字减少 1。

（4）取下与排料区参考裁片相同的所有裁片，操作方法如下：

①在排料区，将光标移动到参考裁片上，如 165 前裤片上。

②按下数字键盘上的*键，则 165 前裤片下数字变为 0，所有相同裁片出现在排料区。

（5）强制增加裁片，如果排料架上，裁片下方的数字显示为 0，仍然要取裁片到排料区，操作方法：

①把鼠标移至排料架上裁片数目为 0 的裁片数字上。

②按一下数字键盘上的+键，数字就会减 1，变为负数，即在排料区增加一个裁片，如果排料模式是【自动】，增加的裁片会自动排到排料区；如果排料模式是【手动】，鼠标会自动跟随增加的裁片跳到排料区，单击放下裁片后才能继续其他操作。

2. 将裁片从排料区送回排料架

（1）将某一个裁片从排料区放回排料架，操作方法如下：

在排料区，将光标移动到要放回的裁片上。按下数字键盘上的7键，该裁片从排料区消失，排料架上该裁片下的数字会增加 1。

（2）将某一个裁片从排料区放回排料架，换上另一个裁片，操作方法如下：

①在排料区，将光标移动到要放回排料架的裁片上单击拿起裁片。

②按下数字键盘上的7键，使裁片返回排料架，用相同尺码的下一个裁片替换；按下数字键盘上的+键，使裁片返回排料架，用下一个尺码的相同裁片替换；按下数字键盘上的-键，使裁片返回排料架，用上一个尺码的相同裁片替换。如果光标放在裁片上，没有拿起裁片，按相应的数字键盘上的键，则裁片不会送到排料架，但仍然会从排料架上取下对应的下一裁片。

（3）将排料区的所有裁片送回排料架，操作方法如下：

单击 按钮，出现询问对话框，单击【是】按钮，送回所有裁片。

（4）从排料区彻底删除裁片，不送回排料架，操作方法如下：

①在排料区，鼠标移至要删除的裁片上。

②按0键+-键，弹出【警告】对话框，单击【是】按钮删除排料区的裁片，排料架上裁片下的数字不变。

3. 移动裁片 在操作区移动裁片，鼠标单击裁片，拿起，在目标位置单击放下裁片（如果空隙不够大。系统会发出蜂鸣声音，裁片无法放下）；另外，还可以使用键盘上的方向键对齐裁片，操作方法为：把鼠标移至裁片上；按键盘上的方向键，让裁片分别往四个方向靠齐；可以同时使用两个方向键，如同时使用←、↑键，可以使裁片向左上方靠齐。

4. 旋转排料区中的裁片 裁片旋转，操作方法为：

（1）在排料区，将光标移动到要旋转的裁片上，单击拿起裁片。

（2）把数字键盘设置在 Num Lock 键的指示灯不亮的状态，按一次数字键盘上的5键，裁片旋转"90°"；按数字键盘上的9键，每按一次，裁片顺时针方向旋转"0.05°"；按

数字键盘上的 ③ 键，每按一次，裁片逆时针方向旋转 "0.05°"。只有在排料概要中和布料限制内允许裁片旋转和设置了微量旋转的情况下，才可以对裁片进行旋转操作。

（3）单击左键，将旋转后的裁片放下即可。

5. **使排料区中的裁片对称翻转**　在排料区可以使裁片以 X 轴、Y 轴为对称轴翻转裁片（允许翻转的裁片才可以进行翻转操作）。操作方法如下：

（1）在排料区，将光标移动到要对称的裁轴为对称轴或者以片上。

（2）按下键盘上的 ⊠ 键，裁片以 X 轴为对称轴翻转；按下键盘上的 Ⓨ 键，裁片以 Y 轴为对称轴翻转。

6. **恢复裁片的位置**　移动裁片后，可以恢复裁片的位置。裁片的对齐、联结裁片操作不能使用本功能恢复，系统会储存 16 步裁片的移动操作。恢复裁片移动位置的方法：

（1）在排料区，将光标移动到要恢复位置的裁片上。

（2）按下数字键盘上的 ① 键，裁片退回到上一个位置。

7. **设置裁片移动容许量**　设置裁片重叠量，前提是在【排料概要】内，【移动容许量】设置不能为零。

（1）鼠标移至裁片上。

（2）按键盘上的 Shift + F11 键，弹出【移动功能】对话框，如图 4-209 所示。

◖、◗：单击一次分别向左、右移动 1mm。

◓、◒：单击一次分别向上、下移动 1mm。

◖◖、◗◗：单击一次向左、向右达到移动容许最大值，达到最大值时会出现蜂鸣声音的提示。

◓◓、◒◒：单击一次向上、向下达到移动容许最大值，达到最大值时会出现蜂鸣声音的提示。

（3）单击【好】按钮确认移动。

8. **强制暂时重叠裁片**　强制裁片暂时重叠的方法如下：

（1）在排料区，单击要重叠的裁片拿起裁片；移到另一要重叠的裁片上。

（2）按下数字键盘上的 ⓪ 键和 Enter 键（数字键盘锁定状态），裁片重叠。

此操作不在裁片重叠的检查范围内。

9. **恢复上一个保存过的排料**　单击工具按钮区的 ▓ 按钮，出现询问对话框，单击【是】，就可以恢复保存过的上一个排料状态。

10. **定义裁片的间陈方式**　在工具按钮

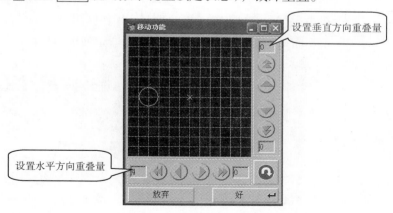

图 4-209　【移动功能】对话框

区，单击 ![按钮] 按钮，可以在 ![]、![]、![] 三种间隙方式之间切换，三种间隙方式的含义见表 4–13。

表 4–13　裁片的间隙方式

图标	名称	含义	图示
![]	接触方式	裁片间没有空隙量，光标为✕形	
![]	单间隙方式	定义的间隙只出现在当前操作的裁片，光标为◎形	
![]	累积方式	定义的间隙使用于每个裁片，光标为➕形	

11. 支撑板的使用　支撑板是排料区内水平、垂直方向的参考线。

在工具按钮区单击 ![] 按钮，可以显示或隐藏排料末端的绿色垂直线。这条绿色垂直线即是一个支撑板，这个支撑板的作用是裁片向右靠齐时使排料的末端可见。

单击 ![]、![] 按钮，在排料区单击，可以绘制一条黄色垂直、水平方向的参考线。垂直、水平方向的参考线的作用是排料时，可以作为裁片对齐的基准线。操作方法如下：

（1）单击 ![]（![]）按钮，使其按下。

（2）在排料区单击，绘制一条垂直（水平）参考线。

（3）将光标移到要移动的裁片上。

（4）按键盘上的方向键向参考线靠齐，按一次对齐参考线，按两次即会越过参考线。

水平或垂直参考线还可以用来测量排料区的区间，操作方法：

（1）单击 ![]（![]）按钮，使其按下，操作区内显示一条随着光标移动的参考线。

（2）鼠标右键单击，作为测量的起点，这时弹出信息窗口，如图 4–210 所示。

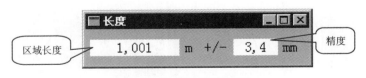

图 4–210　测量显示窗口

（3）移动鼠标，参考线覆盖区域的长度显示在信息窗口内；单击鼠标左键结束测量。

12. 检查裁片的重叠情况　操作方法为：单击 ![] 按钮，弹出窗口，显示目前排料区裁片的重叠情况，在排料区重叠的裁片上会出现小方块。

13. **链接裁片**　此功能将多个裁片链接在一起，当对联结裁片中的一个进行操作时，如移动、对接、对齐、送回排料架及旋转等，操作对联结中的每个裁片都有效。对于双层布和圆筒布，只有在同一层上的裁片才可以链接。

当链接少数几个裁片时，操作方法如下：

（1）单击　按钮，鼠标变成　形状。

（2）在排料区依次单击要链接的裁片，链接的裁片出现连接线。

（3）单击　按钮结束链接的选择。

当链接大量裁片时，操作方法如下：

（1）单击　按钮，鼠标变成　形状。

（2）按数字键盘上的 ⓪ 键和 Enter 键（数字键盘在锁定状态），在排料区会出现一个选择长方形。

（3）移动鼠标使长方形包含所有要链接的裁片。

（4）单击确认链接，所有的链接裁片之间均会出现链接线。

（5）单击　按钮结束链接选择。

14. **解开链接裁片**　需要解开链接时，操作方法如下：

（1）单击　按钮，鼠标变成　形状。

（2）把光标移到要解除的裁片上，按数字键盘上的 ⑦ 键解除。

（3）单击　按钮结束功能。

15. **嵌入裁片**　如果需要在已排好的区域内插入裁片，可以将这一区域水平或者垂直拉开一定的间隙，以嵌入新的裁片。此功能也用于避开面料上的色差地带。操作方法如下：

（1）单击　按钮，可以垂直拉开间隙，鼠标变为 ⇞ 形状；单击　按钮，可以水平拉开间隙；鼠标变成 ⚌ 形状。

（2）在排料区单击左键，绘制要拉开的位置，连续单击，绘制出一条折线，右键单击结束绘制。如图 4-211 所示。

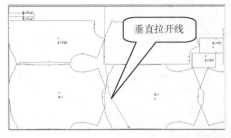 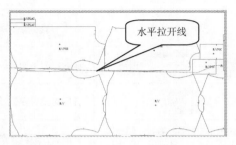

图 4-211　绘制拉开线

（3）弹出对话框，设置间隙量，单击【好】按钮，排料区按照设置拉开，如图 4-212 所示。

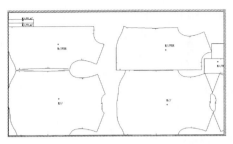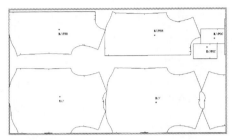

图 4-212　拉开间隙

（4）在间隙内插入裁片。

16.**切割裁片**　为了提高面料的使用率，在工艺要求允许的前提下，可以对裁片进行切割，已切割过的裁片、联结裁片和组合裁片不能切割。切割裁片的操作方法如下：

（1）鼠标移动至要切割的裁片上。

（2）按下数字键盘上的 0 键 + Delete 键（数字键盘锁定状态），弹出对话框，如图 4-213 所示，同时在裁片上出现一条水平切割线，并随着鼠标移动，单击左键，即在切割线位置切割裁片，但是位置是不确定的；要确定准确的切割的位置，可使用对话框中的按钮和输入框设置切割位置和缝份，对话框中的各按钮和输入框的功能见表 4-14，确定切割位置和缝份后，单击【好】按钮完成切割并关闭对话框。

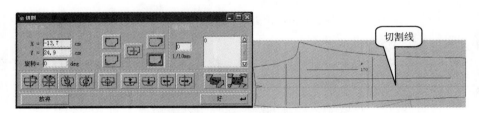

图 4-213　【切割】对话框

表 4-14　【切割】对话框内的按钮和输入框的功能

按钮和输入框	功能
X = -57,6 cm Y = -14,7 cm	输入、显示分割线相对于原点的坐标
旋转 = 45 deg	输入、显示切割线的旋转角度
⊞	将原点设置在裁片中心
◱ ◲ ◳ ◰	将原点分别设置在裁片的左上、左下、右上和右下角
⊞	单击，在水平、垂直方向之间切换切割线方向
✳	单击，在水平、45°、135°、垂直四个方向间切换切割线方向

续表

按钮和输入框	功能
	逆时针方向旋转分割线，单击一次旋转 1°
	顺时针方向旋转分割线，单击一次旋转 1°
	使分割线恢复到水平方向
	向上移动水平裁剪轴，单击一次向上移动 1mm
	向下移动水平裁剪轴，单击一次向下移动 1mm
	向左移动垂直裁剪轴，单击一次向左移动 1mm
	向右移动垂直裁剪轴，单击一次向右移动 1mm
	重新拼合两片切割片。鼠标放在其中一个要拼合的裁片上，按数字键盘上的 0 键 + Delete 键，打开【切割】对话框，在对话框内单击此功能按钮，即可拼合
	重新拼合多片切割片。把鼠标放在其中一个要结合的裁片上，按数字键盘上的 0 键 + Delete 键，打开【切割】对话框，在对话框内单击此功能按钮，即可拼合
1/10mm	输入分割后的缝份量

17. 缩放排料区　为了方便查看排料的情况，经常需要缩放排料区，如放大查看部分区域、查看全排料图、按比例查看排料图等。

（1）放大查看部分排料区域，操作步骤如下：

①单击 按钮。

②鼠标变成放大镜的形状，同时弹出导航窗口，如图 4-214 所示；在排料区单击，出现矩形框，移动鼠标改变矩形框的大小，使其框选到所有要查看的内容，单击左键放大显示框选窗口内的内容。

③在导航窗口内，鼠标左键拖动黄色窗口，改变显示区显示的范围，单击左键将选择的范围放大显示在排料区；或者按数字键盘（锁定状态）上的 2、8、4、6 键分别往下、上、左、右四个方向移动显示区域。

④单击 关闭导航窗口，排料区域恢复正常显示状态。

（2）变更排料区显示的内容：变更显示排料区内容的工具按钮有三个： 、 、 。它们的功能分别为：

：凹下时可以看到全区域的排料图，这是系统默认的排料显示状态。

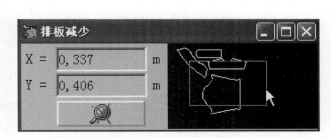

图 4-214　【排板减少】导航窗口

▦：凹下时可以看到全部的排料图。

➡：定制显示。操作方法如下：

①单击 ➡ 按钮，鼠标移到排料区变成"↕"形状。

②按数字键盘（锁定状态）上的 ⑨ 键缩小比例，按 ③ 键放大显示比例，出现两条参考线，如图 4-215 所示。

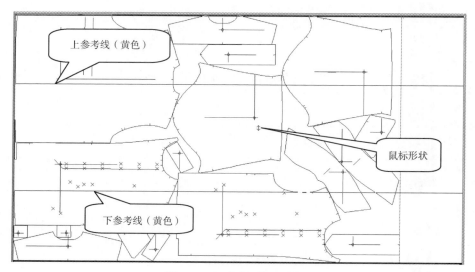

图 4-215 定制显示排料区

③单击确认显示比例，按设定的比例显示排料区；单击 ▦，恢复正常区域的显示状态。

18. **移动排料区** ◀、▶、▲、▼：单击按钮，把排料区分别移动到左端、右端、上布边、下布边。

放置裁片时，可以按数字键盘上的 ④ 键、⑥ 键，左右移动排料区，以找到放置裁片的合适位置。

19. **快速自动排料** 单击 ✎ 工具按钮，会自动从架子上取下剩余的裁片插空排在排料区。

20. **优化排料工具** 优化工具包括自动全部挤压工具 ▦ 和局部挤压工具 ▦。

▦：自动全部挤压工具，可以自动把全排料图压紧。使用方法为：右键单击工具，弹出【挤压排板参数】对话框，如图 4-450 所示，设置挤压时间后按 Enter 键关闭；左键单击工具按钮 ▦，开始自动挤压（如果设置了允许旋转，速度会比较慢）。

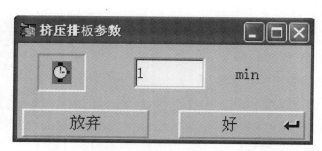

图 4-216 【挤压排板参数】对话框

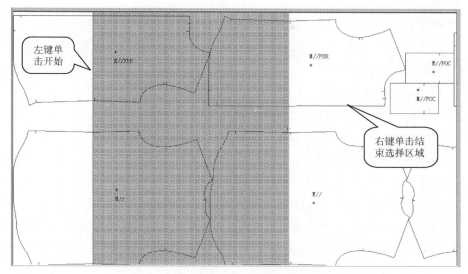：局部自动挤压。使用该工具可以选择区域挤压。操作方法如下：

（1）单击工具按钮；鼠标移至排料区，出现一条黄色参考线，左键在起始位置单击，向右移动鼠标选择要自动挤压的区域，选择的区域会有颜色覆盖，如图 4-217 所示。

图 4-217　设置局部挤压区域

（2）至目标位置单击右键，弹出【警告】对话框单击【好】按钮或者按 Enter 键，开始自动挤压所选区域。

21. **排板信息显示和更改**　排板过程中有时候需要查看或者更改排板信息，包括显示、修改排板概要信息、在状态栏上查看基本信息以及显示、修改裁片信息等。

（1）显示、修改排板概要信息：在排料过程中显示、修改排料概要信息的步骤为：在排料区的裁片外，单击右键，或者下拉菜单【工具】/【概要显示/修改】，弹出【排板图概要】对话框；可以按需要变更参数；要保存修改，单击【好】按钮退出。

（2）在状态栏上查看基本信息：在排料区的状态栏中，如图 4-218 所示，可以随时查看当前打开的排料图的基本信息和鼠标指向的裁片的信息。

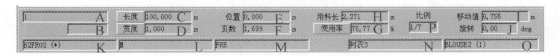

图 4-218　状态栏

状态栏中的各项参数的含义如下：

A. 排板图名称。

B. 对皮革加标记时要使用的信息栏。

C. 排板图的极限长度。

D. 布料的幅宽。

E．在屏幕上左侧显示的排料布料的位置。

F．在屏幕页面上显示出的布料长度。

G．排板面料使用率。

H．排板用料长。

P．排板区显示比例。

Ⅰ．鼠标当前指向的裁片从进入系统到当前最右端的位置之间的距离，或者是从布料的启动位置到支撑板为止的距离。

J．鼠标当前指向裁片的旋转角度。

K．排板区之内光标指向的裁片名称。

L．显示鼠标当前指向裁片的尺码，包括一级尺码和二级尺码。

M．显示鼠标当前指向裁片的同类代码。

N．显示鼠标当前指向裁片的款式名称。

O．显示鼠标当前指向裁片的成衣名称。

（3）显示、修改裁片信息：如果要查看、修改某个裁片的详细信息，其操作方法：在排料区，把光标移到要查看、修改的裁片上；按 Shift 键 + F5 键，弹出【裁片目录】窗口，如图 4-219 所示，通过各功能按钮打开对应的设置对话框修改裁片信息。

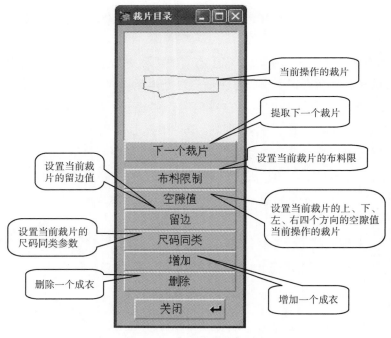

图 4-219 【裁片目录】对话框

22. **储存排料图** 下拉菜单【档案】/【储存】,储存排料档案；下拉菜单【档案】/【储存为】,另存排料档案。

三、智能排料

Diamino 的智能排料功能，排料快、效率高，用布率基本可达到工厂要求。不但可以对当前打开的排料图进行即时处理，还可以把多个排料图设置成排料任务，系统自动批量处理。

（一）对当前排料文件智能排料

要对当前打开的排料文件智能排料，操作步骤如下：

（1）在 ▨ 按钮上单击右键，打开【自动完成：偏好设定】对话框，可以设置"组别操作方式"、测试时间、过程跟进等内容，设置完成，单击【好】按钮，关闭对话框。

设置【测试停止】时间：输入数据应在 0 ~ 180 分钟。

设置组别操作方式：单击 ▨ ，可以在三种方式中切换：

▨：混合型排板，排板时可以不考虑已经做的分组。

▨：指令型排板，在考虑已分组的情况下定位裁片，如果有空隙，也考虑容纳另一个组的裁片。

▨：嵌入型或者间隔型排板，在嵌入容许量箭头转到左方时可以嵌入排板。

过程跟进：打勾，在智能排板时，会有过程跟进窗口显示排板过程。

（2）单击 ▨ 按钮，开始自动智能排料，如果在上一步中设置了过程跟进，可以看到过程跟进对话框。

（二）设置多个排料文件的智能排料

设置批量智能排料时，必须设置布料限制，以便系统确认布料和裁片的旋转许可等信息。设置布料限制的方法参见本节"二、素色布排料 /（二）建立布料限制"。

设置多个排料文件智能排料，首先保证每个排料文件都有对应的布料限制；然后下拉菜单【档案】/【自动操作】/【建立列表】，打开【建立列表】、【列表内容】对话框，如图 4-220 所示，各项内容的设置方法为：

（1）设置【建立列表】对话框：

【列表】：输入列表的名称，只能输入英文字母。

【存取路径】：双击设置列表的存取路径。

（2）设置【列表内容】对话框：

【进入名称】：双击，在打开的窗口中，找到要排料的文件（PLA/PLX 文件）打开。

【离开名称】：输入排料结束时的名称，如果要与进入名称相同，直接双击即可。

【极限时间】：智能排板所用的最长时间，双击默认 60 分钟，可以根据需要更改。

【还原】按钮：单击，还原到原设置状态。

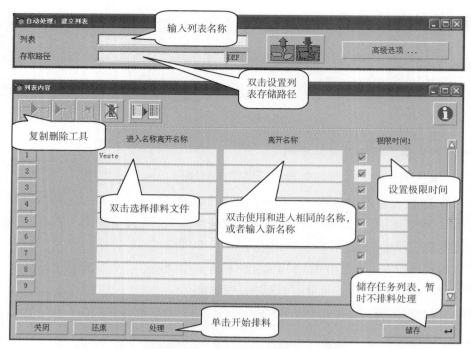

图 4-220 【自动处理：建立列表】、【列表内容】对话框

图 4-221 【辅助说明】对话框

【处理】按钮：单击，开始对该列表中的排料文件智能排料。

【储存】按钮：单击，保存列表，暂时不排料，会出现提示窗口，如图 4-221 所示，单击【好】按钮，关闭即可。

【关闭】按钮：单击，关闭【列表内容】对话框。

（3）智能排料与储存：设置完成后，单击【处理】按钮，开始智能排料；如果要保存列表，以后再排，单击【储存】按钮，储存列表。

（4）处理保存的列表：下拉菜单【档案】/【自动操作】/【处理列表】，找到以前建立的列表文件（LIS 文件），打开列表，开始智能排料。

保存的列表，可以下拉菜单【档案】/【自动操作】/【修改列表】来修改。

四、图案布料的排料

图案布料的排料与素色布的排料有所不同，图案布排料时，需要几个方面的准备工作，首先，要测量使用的图案面料，把它抽象为条格面料；然后在 Modaris 中给裁片设置对条对格的联结和图案的对位标志；最后，建立布料限制和图案范围。

完成了准备工作后，才可以按照前面单色布料的排料基本步骤设置新排板文件，打开排板文件，然后在排料界面内智能或者交互式排料就可以了。

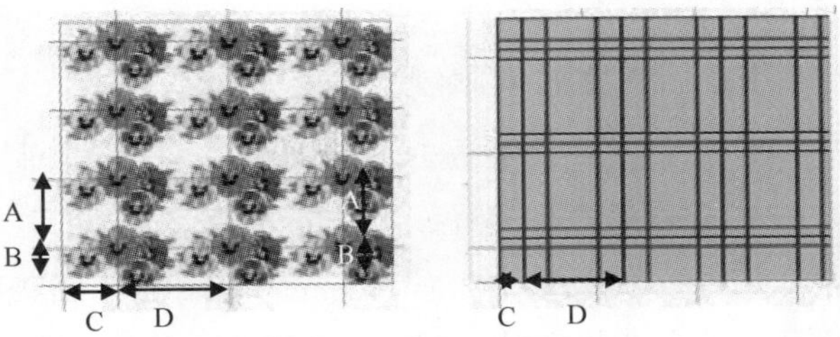

图 4-222　图案、条格图示

（一）测量布料图案

测量要使用的图案面料，将其抽象为条格面料。例如，将图 4-222 中左图的图案抽象为条格面料（右图）。

A：水平步长，水平条纹之间的间距。

B：水平间距，第一条水平条纹与底边之间的距离。

C：垂直间距，第一条垂直条纹与布边之间的距离。

D：垂直步长，垂直条纹之间的间距。

（二）在 Modaris 中给裁片标识图案点和做对条对格联结

如果想要裁片上的某个点准确的排到图案面料的指定位置，必须在 Modaris 中对该裁片点进行标识。例如，将口袋点设置为排料时必须在垂直条纹上，如图 4-223 所示，操作方法为：

（1）在 Modaris 界面内，打开要编辑的款式。

（2）按 F2 键，单击【加记号点】右上角的小三角，打开记号选择窗口，勾选【垂直图案条纹】；单击【加记号点】按钮。

（3）单击裁片上的口袋点，将其标识为【垂直图案条纹】记号，以便排料时按照垂直条纹排料。

图 4-223　在裁片上设置图案点

根据记号点不同，排板时的对位条纹也不同：

【垂直图案条纹】：排板时对位在在垂直条纹上。

【水平图案条纹】：排板时对位在水平条纹上。

【垂直/水平图案条纹】：排板时对位在水平和垂直条纹的交点上。

加对位记号可以在建立成衣档案前加，也可以建立成衣档案后加，因为当修改裁片时，成衣档案内的裁片会自动跟随修改。

除了特定的裁片点需要对位图案外，有时不同裁片上的点也要求排料时对条对格，如，袖山顶点和袖窿肩端点对位，这种对位标识需要在 Modaris 成衣档案中把要对位的裁片做联结，处理方法已经在本节"一、建立成衣档案"中讲述，不再重复。

（三）建立布料限制

（1）双击桌面上的 Diamino 图标，打开排料界面。

（2）设置存储路径，方法同素色布排料。

（3）下拉菜单【档案】/【布料限制】/【建立布料档】，打开【布料概要】对话框。除了设置和素色布料排料一样的各项内容外，这里还要设置【图案范围】。在【图案范围】框内双击，在列表中选择与布料相对应的图案范围，如果不设置图案范围，系统默认缺省的图案范围。

（四）建立新排料（排板）文件

建立新排板文件步骤如下：

（1）下拉菜单【档案】/【新档】，弹出【排板概要】、【排板内容】两个对话框，和设置素色布排料一样输入【排板概要】各项参数；不同于素色布排料之处在于，单击【素色】按钮，打开【修改条纹】对话框，如图 4-224 所示。

（2）在【修改条纹】对话框内设置条纹。

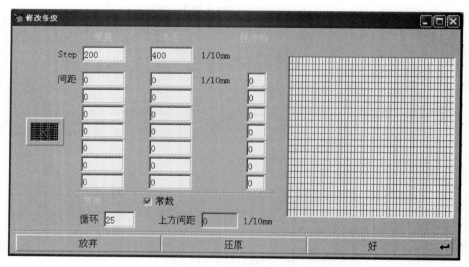

图 4-224　【修改条纹】对话框

根据开始测量的图案布料情况，设置条纹。

Step（步长）：水平步长是指水平方向的条纹之间的距离；垂直步长是指垂直方向的条纹之间的距离。

间距：水平间距是第一条水平条纹和底边之间的距离；垂直间距是第一条垂直条纹和布边之间的距离。

根据需要设置好条纹后，单击【好】按钮。

（3）按素色布料中讲述的方法设置【排板内容】对话框中的其他内容。单击【储存】按钮储存排料文件，关闭【排板内容】/【排板概要】对话框。

（五）打开排料文件排料

（1）下拉菜单【档案】/【开启】，打开前面保存排板文件，进入排料界面，如图 4-225 所示。

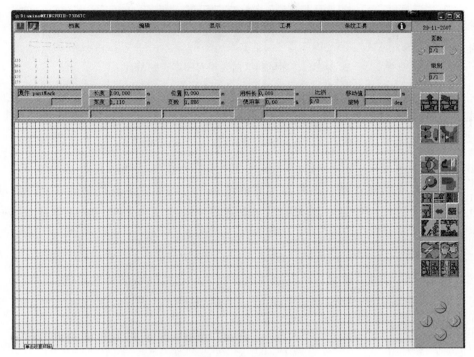

图 4-225　图案排料界面

（2）下拉菜单【显示】/【显示条纹】，勾选显示条纹，否则不显示条纹。

（3）下拉菜单【条纹工具】/【修改条纹】，可以再次打开【修改条纹】对话框，修改条纹。

（4）使用素色布排料中讲述的快捷键或者工具按钮排料，在素色布上的排料的工具均可使用。

（六）图案布料排料的操作

素色布料排料的方法也同样适用于图案布排料，不再赘述。在此只讲述和素色布排料不同而和图案、对条对格相关的内容。

1. 从排料架上取下带有图案点的裁片　如将设置了在水平和垂直条纹上放置的图案点的裁片、设置了在垂直条纹上放置的图案点的裁片送到排料区，自动模式的操作步骤为：

（1）切换到自动模式；鼠标移动至排料架上裁片图下方的数字上。

（2）单击数字，将裁片送到排料区。标记有图案点的裁片会自动按照条纹的位置放置在排料区，如图 4-226 所示。即使移动裁片，系统依然会为裁片在新的位置寻找对位位置放置。

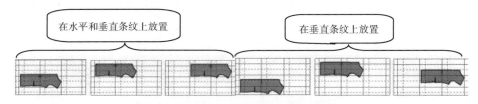

图 4-226　在排料区放置带有图案点的裁片

手动放置标有图案点的裁片：

（1）在排料区，将光标移动到将要定位在另外一个条纹上的裁片上。

（2）按下 F9 键。将图案点自动放置在垂直条纹（始终朝右）上。

（3）按下 Shift 键 + F9 键，自动将图案点在水平条纹（始终向上）上。

2. 将有联结标识的裁片从排料架送到排料区　可以像取下其他裁片一样把有联结标识的裁片送到排料区。只是有联结和图案点的裁片送到裁片区时，系统会自动遵循下列限制：

（1）如果图案点标记在最近的条纹交叉处，系统放置时会考虑条纹的数量。

（2）放置有联结的裁片时，会根据在成衣档案中设置的联结特性放置裁片。

（3）如果裁片不能根据限制进行标记、不能服从近似值等，系统会将发出声音信号表示（提示）出错。

（4）在自动从排料架取裁片的情况下，如果不能保持联结一致（取所有相同裁片 或取一组裁片时），取裁片的操作将被中止。

（5）如果在成衣档案中设置的联结片有主与副之分，在取下主联结片前，不可以取副联结片，否则，系统会提示先取主联结片。

3. 显示联结　在排料区光标移动到有联结的裁片时，就会显示联结。

联结是裁片联结点之间直线联结，共有六种颜色（如果更改调色板，颜色就不再是默认颜色）。六种默认颜色的含义分别为：白色线表示主裁片；黄色线表示现有的无规则联结；橘黄色线表示该裁片联结到（或从属于）一个或多个主裁片；蓝色线表示已解除的联结（如果裁片上所有联结都已解除则将其作为无联结的裁片来处理）。

4. 储存排料文件　排料完成后，下拉菜单【档案】/【储存】，储存排料档案；下拉菜单【档案】/【储存为】，用来另存排料档案。

思考题

1. Modaris 中包含哪些点型？这些点型是怎么生成的，各点型具有哪些特点？

2. 在 Modaris 中设计完成纸样后，是否必须输出成衣？如何输出成衣？输出的成衣和裁片分别是什么格式？

3. 使用【实样】工具和【裁片】工具生成的裁片有什么不同？如何给它们添加缝份和修改缝份角？

4.【内部分段】工具和【外部分段】工具的区别是什么？

5. 为什么要导出 Modaris 中的款式档案？ Modaris 中能导出哪些类别的文件？打开款式库中的一个款式档案，导出 GERBER 模型的文件。

6. 如何在 Modaris 中创建成衣档案？打开款式库中的一个款式档案，为其创建一个成衣档案，并设置成衣档案中的参数。

7. 在 Modaris 中设计图 4-227 所示的男衬衫纸样。规格：B=98cm，背长 =50cm，袖长 =58cm。

图 4-227　男衬衫款式图

8. 在 Modaris 中如何给款式系列建立尺码表并读入款式档案？

9. 在 Modaris 中如何放缩扣位？

10. 在 Diamino 中如何建立新排板文件？

11. 在 Diamino 中排料区如何调整裁片的方向？如何切割裁片？如何设置裁片的重叠？

12. 图案布排料时，需要在 Modaris 中设置哪些参数？进入 Diamino 后，图案布排料应注意哪些事项？

参考文献

［1］张鸿志. 服装 CAD 原理与应用［M］. 北京：中国纺织出版社，2005.

［2］徐雅琴，马跃进. 服装制图与样板制作［M］. 北京：中国纺织出版社，2004.

［3］李健丽. 服装结构设计与 CAD［M］. 武汉：湖北美术出版社，2006.

［4］范树林. 文化服装讲座〈新版〉（产业篇）［M］. 北京：中国轻工业出版社，2006.

［5］深圳盈瑞恒科技发展有限公司. 服装三维 CAD 技术与发展［C］// 2005 现代纺织服装高科技研讨会论文集，2005.

《服装款式图教程及电脑绘制》
丛书名："十三五"普通高等教育
　　　　本科部委级规划教材
作者：李楠 管严 著
开本：16 开
定价：46.80 元
出版日期：2016 年 12 月
ISBN：9787518031078

《高级女装立体裁剪 基础篇》
丛书名："十三五"普通高等教育
　　　　本科部委级规划教材
　　　　服装实用技术·应用提高
作者：白琴芳 章国信 著
开本：16 开
定价：42.80 元
出版日期：2016 年 9 月
ISBN：9787518024988

《服装表演训练教程》
丛书名："十三五"普通高等教育
　　　　本科部委级规划教材
作者：金润姬 辛以璐 李笑南 编著
开本：16 开
定价：39.80 元
出版时间：2016 年 6 月
ISBN：9787518026227

《中国服饰文化》（第 3 版）
丛书名："十三五"普通高等教育
　　　　本科部委级规划教材
作者：张志春 著
开本：16 开
定价：48.00 元
出版日期：2017 年 4 月
ISBN：9787518028702

《服装生产管理与质量控制》（第 4 版）
丛书名："十三五"普通高等教育
　　　　本科部委级规划教材
作者：冯翼 徐雅琴 储瑾毅 编著
开本：16 开
出版日期：2017 年 4 月
定价：42.00 元
ISBN：9787518030668

《服装实用英语 – 情景对话与场景模拟》（第 2 版）
丛书名："十三五"普通高等教育
　　　　本科部委级规划教材
作者：柴丽芳 潘晓军 编著
开本：16 开
定价：42.00 元
ISBN：9787518033652

《服装 CAD 应用》
丛书名："十三五"普通高等教育
　　　　本科部委级规划教材
作者：尹玲 主编
定价：68.00 元
开本：16 开
出版时间：2017 年 3 月
ISBN：9787518034802

《服装零售学》（第 3 版）
丛书名："十三五"普通高等教育
　　　　本科部委级规划教材
作者：王晓云 主编
　　　　蒋蕾 何崟 龚雪燕 副主编
定价：45.80 元
开本：16 开
出版时间：2017 年 5 月
ISBN：9787518033379

《准规则斑图艺术》
丛书名："十三五"普通高等教育
　　　　本科部委级规划教材
作者：张聿 主编
　　　　金耀 岑科军 副主编
定价：78.00 元
开本：16 开
出版时间：2017 年 5 月
ISBN：9787518033928

《男装实用制板技术》
丛书名：服装实用技术·应用提高
作者：朱震亚 冯莉 朱博伟 著
定价：35.00 元
开本：16 开
出版日期：2015 年 1 月
ISBN：9787506497459

《时装造型设计·连衣裙》
丛书名：服装实用技术·应用提高
作者：侯凤仙 卓开霞 编著
定价：35.00 元
开本：16 开
出版日期：2015 年 3 月
ISBN：9787518013708

《服装板型设计与案例解析》
丛书名：服装实用技术·应用提高
作者：杨烁冰
定价：35.00 元
开本：16 开
出版日期：2016 年 5 月
ISBN：9787518023820

《女装结构设计与应用》
丛书名：服装实用技术·应用提高
服装高等教育"十二五"部委级规
划教材（本科）
作者：尹红 主编
金枝 陈红珊 张楦屹 副主编
定价：35.00 元
开本：16 开
出版日期：2015 年 7 月
ISBN：9787518013852

《针织服装结构与工艺》
丛书名：服装实用技术·应用提高
服装高等教育"十二五"部委级规
划教材（本科）
作者：金枝 主编
王永荣 卜明锋 曾霞 副主编
定价：38.00 元
开本：16 开
出版日期：2015 年 7 月
ISBN：9787518015313

《图解服装裁剪与制板技术·领型篇》
丛书名：服装实用技术·应用提高
作者：王雪筠 著
定价：38.00 元
开本：16 开
出版日期：2015 年 4 月
ISBN：9787518008049

《经典女装纸样设计与应用》
丛书名：服装实用技术·应用提高
作者：孙兆全 编著
定价：42.00 元
开本：16 开
出版日期：2015 年 2 月
ISBN：9787518012770

《图解服装纸样设计·女装系列》
丛书名：服装实用技术·应用提高
定价：38.00 元
作者：郭东梅 主编；
严建云 童敏 副主编
开本：16 开
出版日期：2015 年 7 月
ISBN：9787518013869

《高级女装立体裁剪·基础篇》
丛书名：服装实用技术·应用提高
作者：白琴芳 章国信 著
定价：42.80
开本：16 开
出版日期：2016 年 11 月
ISBN：9787518024988